知りたい！サイエンス

動物はいつから眠るようになったのか？

線虫、ハエからヒトに至る睡眠の進化

大島靖美＝著

睡眠、それは**ヒト**の**人生**の**3分の1**を費やすほど重要なもの。
では、**ヒト**に至るまでの**動物**ではどうだろう？
昆虫や**線虫**で発見された〝**眠りの原型**〟をひもとき、
ヒトから進化を遡りながら**動物**たちの**睡眠**を考察。
日々**眠い**のは、怠惰なのではなく**動物**の**宿命**だったのか!?

技術評論社

はじめに

筆者が睡眠に興味をもったきっかけは、ヒトやイヌ、ネコなどについてよく知っている「眠り」が、より下等な動物においては、どこまで行われているのか、そして動物によってどのように違うかを知りたいと思ったことです。

鳥や魚が泳いだり、飛んだりしながら寝るようだというような話を聞いていましたし、昆虫も眠るのだろうかと疑問に思ったのです。そして、調べてみると、私が長年研究材料としていた線虫というかなり単純な下等動物でも睡眠に似た状態があることがわかり、昆虫のショウジョウバエと並んで、今まさに活発に睡眠の研究が行われていることがわかりました。さらに、以前私が研究していた、線虫の体の大きさを調節する遺伝子が、睡眠を調節する重要な遺伝子でもあることも知りました。筆者は直接睡眠についての研究をしたことはありませんでしたが、このようないきさつにより、本書を執筆した次第です。

本書では、最も進化し、また最もよく研究されているヒトの睡眠からはじめ、睡眠の起源をたどって進化系統樹をさかのぼり、次第に下等な動物の睡眠について述べ、最後にこれら動物の睡眠を比較し、眠りの進化と起源について論ずるという構成になっています。典型的な睡眠をする哺乳動物のなかでも、種類により、睡眠時の姿勢、睡眠の時間・パターンなどが大きく異なり、また成長に伴ってもパターンが変化します。

水の中で生活する哺乳類のイルカやクジラでは、脳の半分ずつが交代で眠る「半球睡眠」があること、渡り鳥では、渡りの時期には睡眠のパターンが変化すること、成長による変化が大きく異なり、睡眠の機能も多様であるらしいことなど、興味はつきません。常識的には、睡眠らしいものが見られる最も下等な生物は、右に述べた線虫のような単純な多細胞動物と思われますが、睡眠の機能を考えると、その起源はあるいは単細胞の生物までさかのぼる可能性があるかもしれないのです。

本書では、これらについて、できるだけやさしく解説することを試みました。さまざまな動物の眠りについて、読者に興味を持っていただければ幸いです。

2018年2月　大島　靖美

もくじ

第3章 鳥類の眠り

第1章

ヒトの眠り

1-1 睡眠の役割とは何か？

ヒトは眠らないとどうなるか？

我々人間にとっての睡眠の役割は何かを知るためには、眠らないとどうなるかを知ることがヒントになるはずです。読者もご承知のとおり、眠らないと、筋肉などの体の疲れがとれず、頭がぼんやりして、元気に活動することができません。つまり、睡眠は体と脳の疲労回復に必要らしいことがわかります。

睡眠をとった人と、とっていない人の記憶力を比べた実験があります（図1―1）。この実験では、A、B2人の人に10の無意味なつづりを記憶してもらい、記憶する時間の途中で睡眠をとった場合とずっと起きていた場合それぞれについて、1、2、4、8時間後に記憶のテストを行いました。すると、睡眠をとった時の方がより多くのつづりを記憶していたことが示されました。脳の機能の1つである記憶の能力に対して、睡眠の効果が示された実験結果です。また、別の実験では、徹夜をすると、判断にかかる時間が、簡単なことに関してもビールの大びん1本を飲んだ時と同じくらい長くかかることが確かめられたそうです。

アメリカでは、スリーマイル島での原発事故（１９７９年）、アラスカ沖でのタンカー座礁による原油流出事故（１９８９年）などの大きな事故に、睡眠不足による判断ミスが強く関係していたことが政府諮問委員会の報告書（１９９３年）によって示されました。

睡眠の問題に起因する事故や医療費による経済的損失は、アメリカでは年間約10兆円、日本では3兆円と推定されていて（内山真『睡眠のはなし―快眠のためのヒント』中央公論社）、睡眠の不調による社会的損失

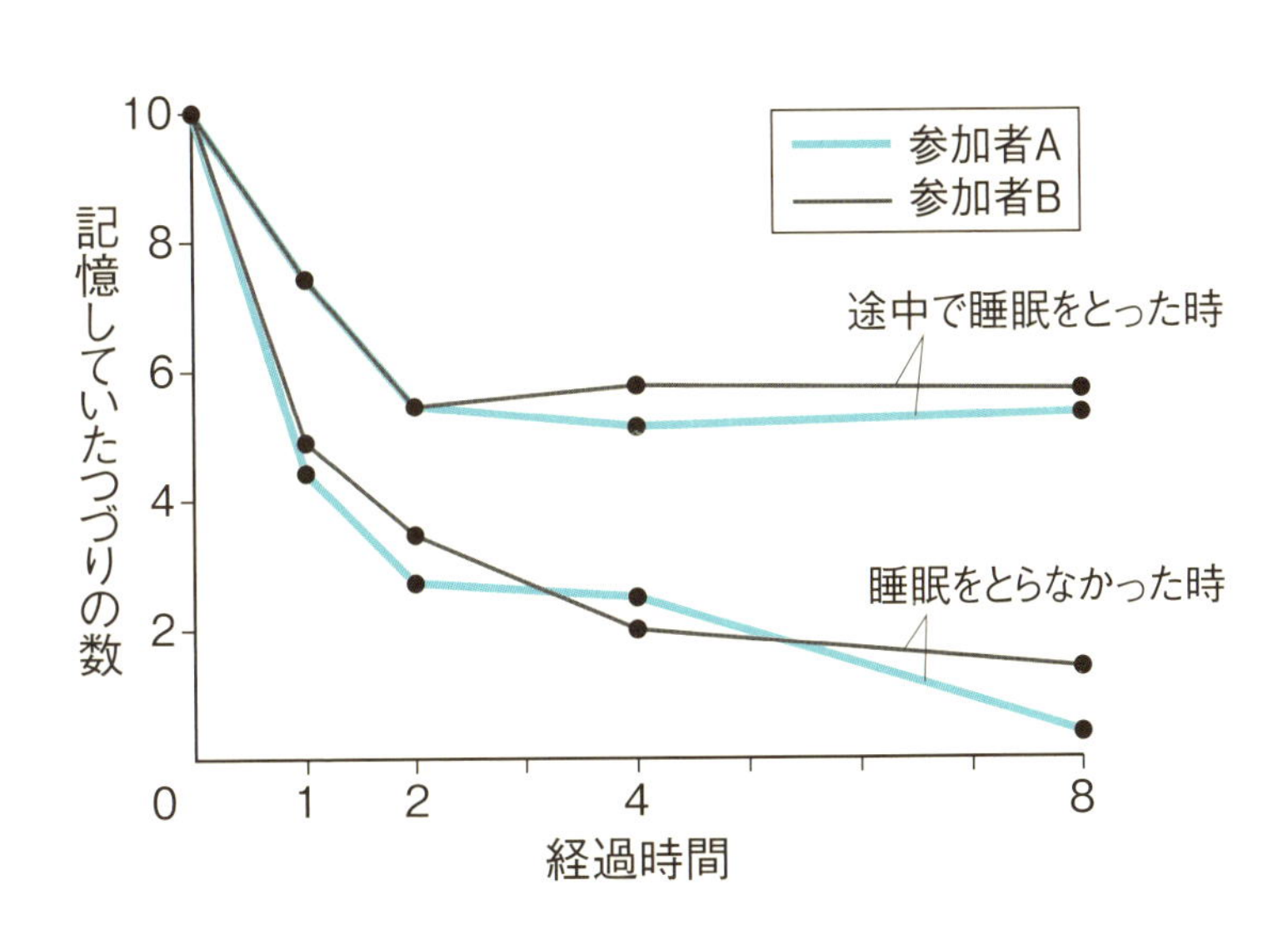

図1-1 睡眠と記憶力の関係
睡眠をとった時と、とっていない時では、とっている時の方が記憶する能力が高い。
『睡眠と脳の科学』（祥伝社新書）より作成

はかなり大きいのです。

「寝る子は育つ」といわれるように、睡眠は体や脳の成長・発達にも重要であることが知られています。さすがに赤ん坊や幼児を寝かさないなどという実験はできないので、直接的にはわからないけれど、生後の年齢が若いほど長く眠ることからも、睡眠と成長の間には関係があるということが推察できます。睡眠中には体の成長を促す成長ホルモンが分泌されることが、成長に睡眠が必要な1つの理由であり、脳の形成にも睡眠が重要なのです。

動物では、長い間強制的に眠らせないという過酷な「断眠実験」が行われたこともありました。ラットでは2週間以上続けると脱毛、潰瘍の形成、体温の低下などが起こりました。さらに続けると極度の疲労状態となり、感染症や多臓器不全で死亡してしまったのです（櫻井武『睡眠の科学』講談社）。

このように、睡眠は体の恒常性の維持や免疫機能などにも必要で、生存に必須であるといえるでしょう。

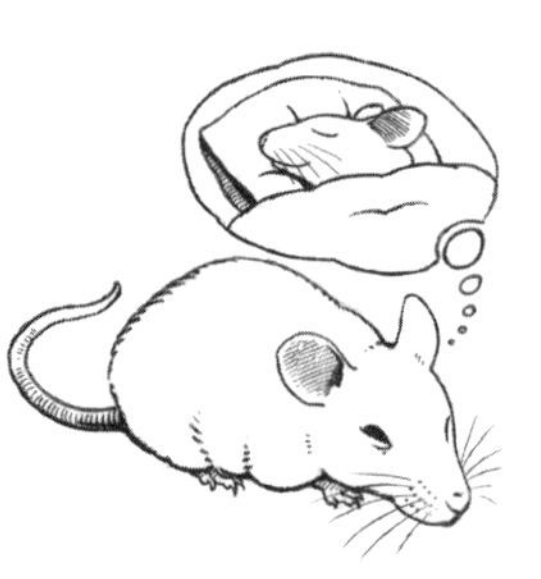

ヒトの睡眠時間と死亡のリスクの関係

ほかにも、睡眠の重要性を示す1つの調査結果があります（図1−2）。少なくともこの調査の対象者については、平均すると7時間の睡眠が最も長生きに有効であり、5時間未満では急速に死亡のリスクが高くなることが示されました。

睡眠時間7時間前後の人は、高血圧、糖尿病などにかかる危険性が最も低いことが明らかとなっています。これらのことが睡眠時間と死亡のリスクの関係の理由と考えられます。毎日9時間以上眠る人はほとんどいないはずですが、異常に長い時間眠る人も死亡のリスクが高い理由は、後に詳述しますが、睡眠のパターンが異常で、質のよい睡眠がとれないためであると考えられます。

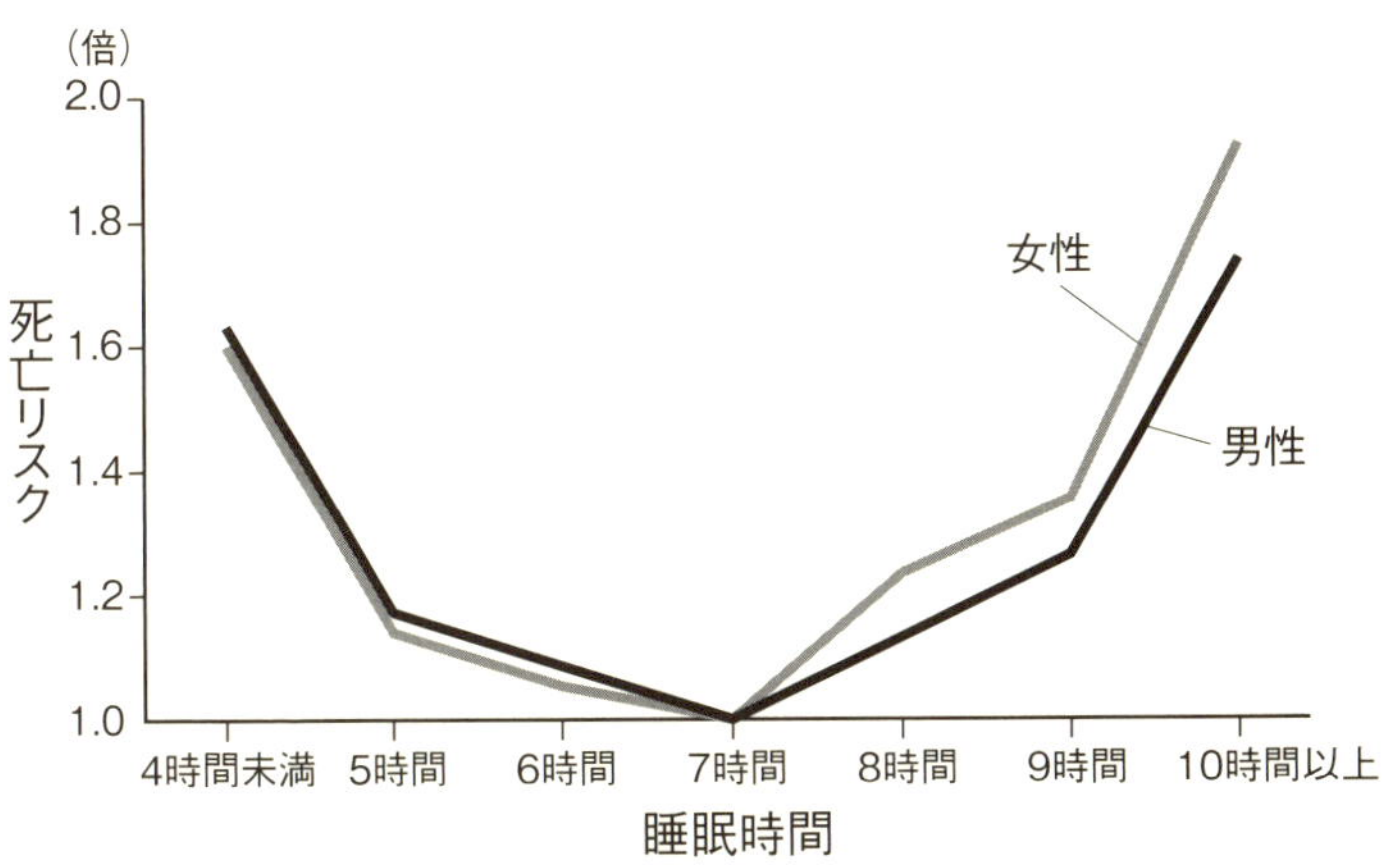

図1-2 睡眠時間と死亡リスクの関係

睡眠時間が長すぎても短すぎても、死亡リスクは高くなる。
『睡眠と脳の科学』（祥伝社新書）より作成

1-2 ヒトの睡眠パターン

レム睡眠とノンレム睡眠

ヒトの睡眠には、いろいろな眠りの深さや、性質の違う眠りがあることがわかっています。読者も「レム睡眠」「ノンレム睡眠」という言葉は聞いたことがあるのではないでしょうか。「レム睡眠」のレムは「早い目玉の動き（Rapid Eye Movement）」という意味で、眠っているにも関わらず、眼球が急速に動いている状態にあります。

レム睡眠は、一晩の睡眠で1～数回起こりますが、眠りが浅く、夢をよく見る状態とされています。しかし、レム睡眠の間は、運動ニューロンを麻痺させる信号が脳幹から出されていて、呼吸筋などを除いた全身の多くの筋肉が麻痺しています。

ヒトの睡眠は平均1・5時間くらいの周期で浅い眠りと深い眠りを繰り返すパターンをもっていて、レム睡眠はその周期の最後に出現します（図1－3）。レム睡眠の前後に現れる、次第に眠りが深くなり、やがてまた浅くなっていく睡眠は「ノンレム睡眠」と呼ばれ、早い眼球運動のない睡眠です。ノンレム睡眠は4つの段階（ステージ1～4）に分けられます。睡眠の1つのサイクルは、覚醒状態からノンレム睡眠のステージ1に入り、ステージ2、3、4と睡眠が深くなり、その後ステージ4、3、2と次第に浅くなって、レム睡眠となります。こうした睡眠の段階に応じて、心拍数、呼吸数、体温なども周期的に変動します。レム睡眠の時期には心拍数、呼吸数などが覚醒時に近く、その意味でもレム睡眠は浅い眠りであることがわかります。

睡眠のパターンと脳波

これらの睡眠の段階は、脳が示す電気的活動のパターン「脳波」によって区別することができます。睡眠の各段階で、脳波は典型的な特徴を示していて、α波、β波、θ波、δ

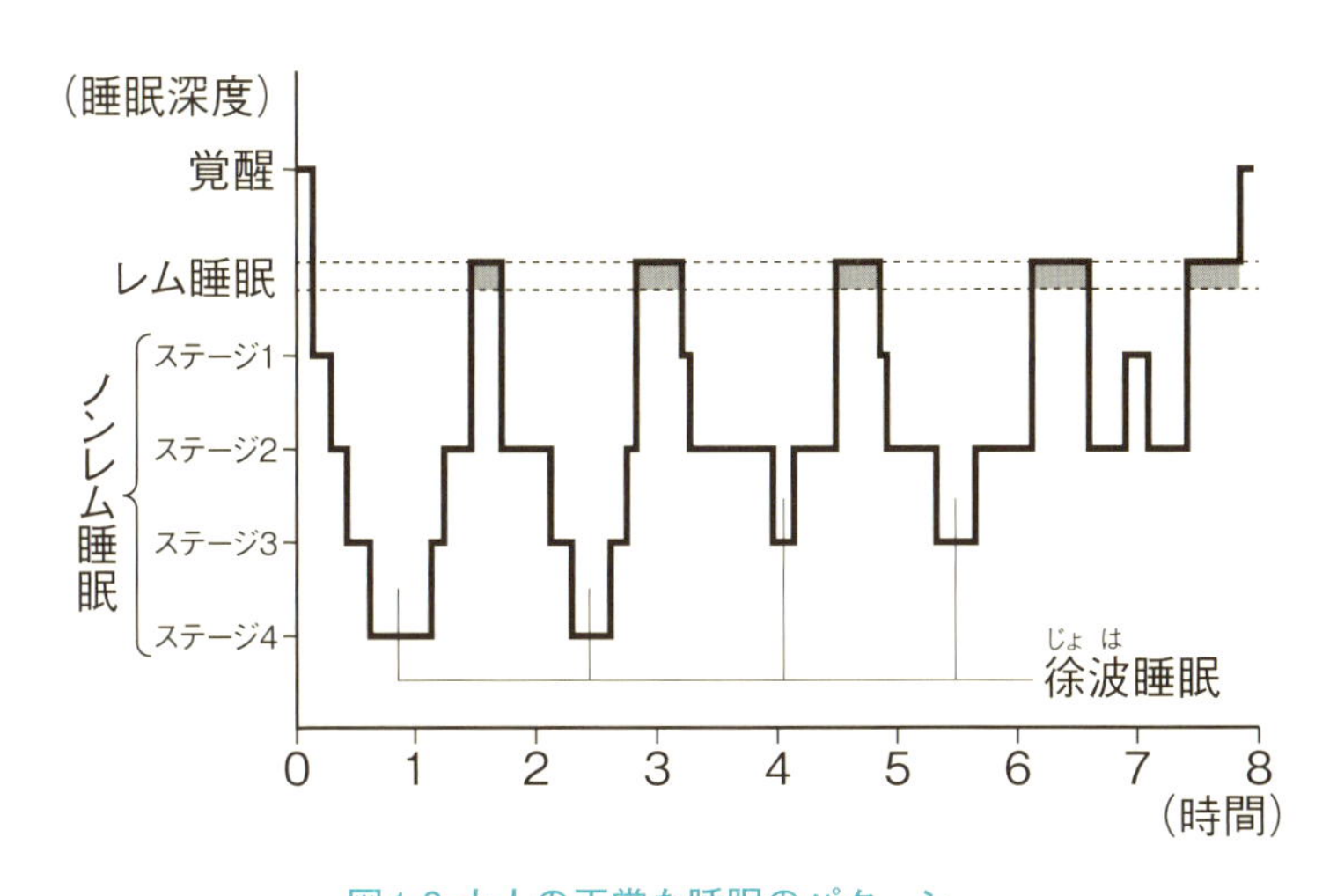

図1-3 大人の正常な睡眠のパターン

ノンレム睡眠後にレム睡眠が訪れるというパターンを繰り返す。
『睡眠と脳の科学』（祥伝社新書）より作成

波のように名づけられています（図1－4）。α波は周波数8～13Hz（ヘルツ、1秒間の波の数）の小さい波でリラックスした状態を、β波は14Hz以上の早い小さい波でイライラした状態を、θ波、δ波は4～7Hzおよび3Hz以下のゆっくりした大きな波（徐波）で活動が低下した脳の状態を示しています。脳波は、頭皮の比較的近くにある、大脳の多数の錐体細胞という神経細胞（ニューロン）が表面に向けて長い神経繊維（樹状突起）を出していますが、大脳の活動によって、ここに流れる電流の総和を、頭皮を通じて記録したものです。図1－3の睡眠の各段階での実際の脳波は、図1－5のようなものです。各段階に特有な脳波が見られます。

ヒトの平均的な睡眠の時間やパターンは、生まれてからの年齢によっても変化します（図1－6）。睡眠全体の時間は誕生時に平均約16時間で、誕生前の妊娠

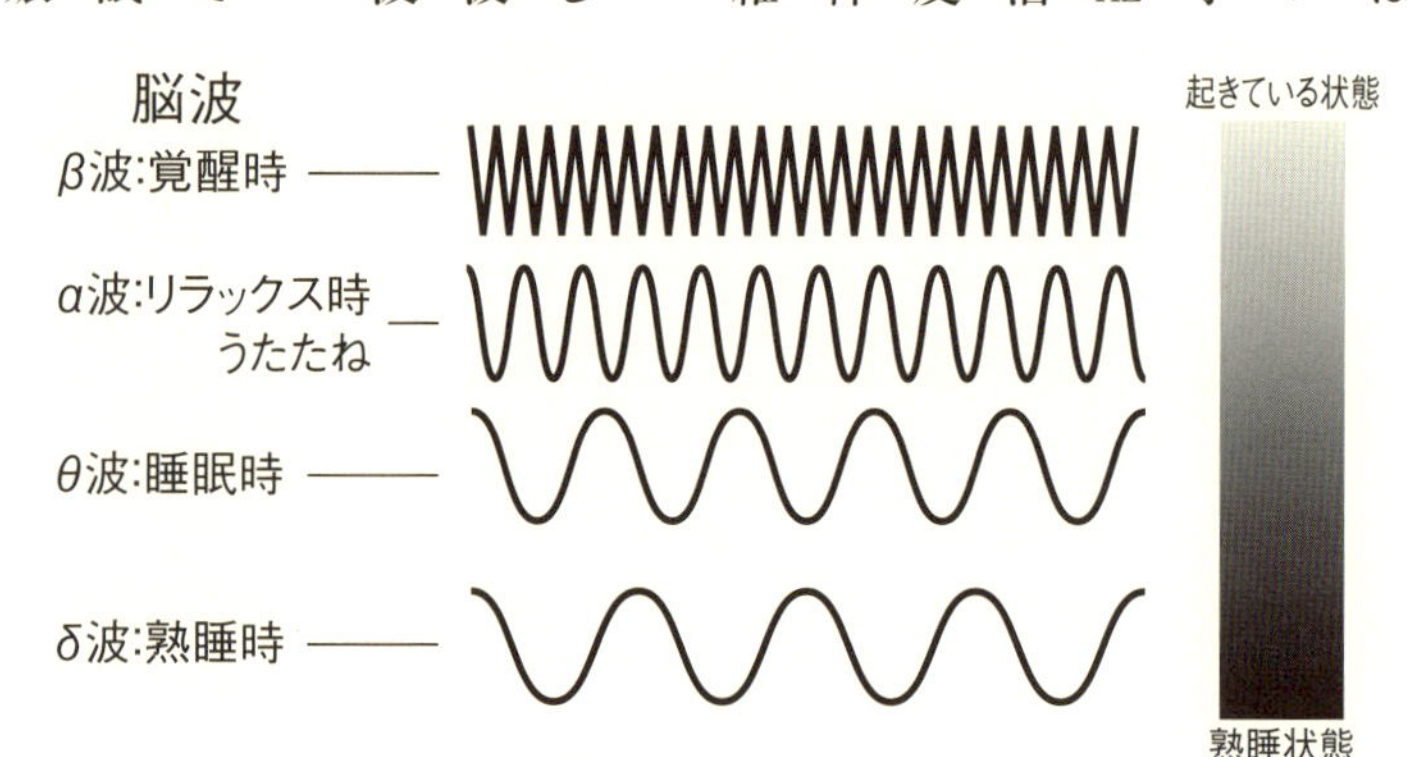

図1-4 いろいろな脳波の模式図

脳波は波なので、横軸に時間を、縦軸に強さあるいは大きさをとって表す。横軸に示される波の1サイクルを周期、一定時間の波の数を周波数、縦軸の波の大きさを振幅といい、これらの指標によって脳波の性質を区別することができる。睡眠の段階によって変化する。

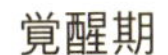

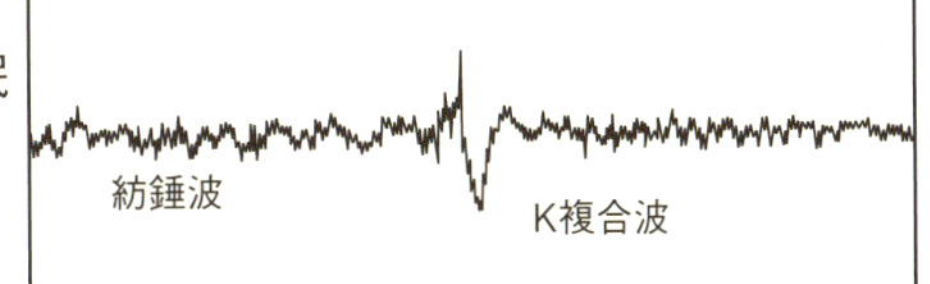

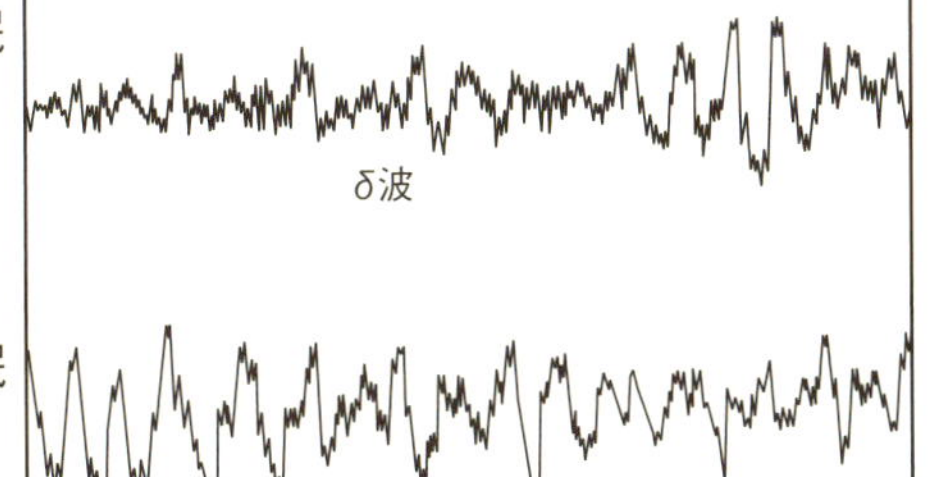

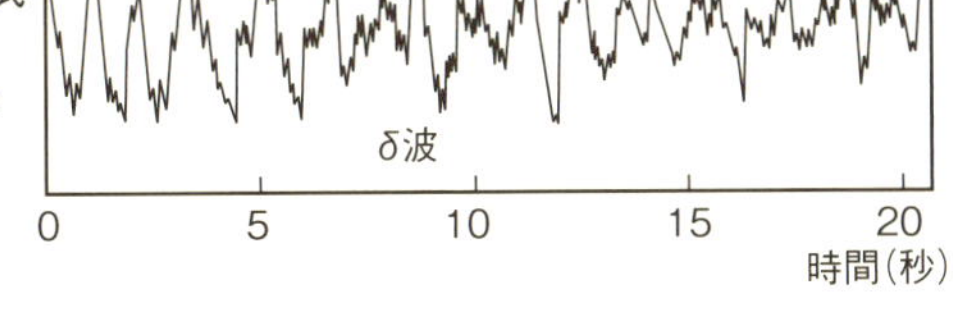

図1-5 睡眠深度と脳波の例

睡眠深度に応じて、脳波は変わる。また同じノンレム睡眠でも、段階に応じて脳波は大きく変化する。

『睡眠の科学』（講談社）より作成

期間には24時間近くなります。睡眠時間は成長するに従って減少し、大人では平均7～8時間、老人で6時間くらいとなります。多くの人が、前述した、最も長生きができる7時間前後の睡眠をとっているらしいことがわかります。また、若い時ほどレム睡眠の割合が高く、誕生時には約50％、8時間です。これに対して、ノンレム睡眠は誕生時から比較的に一定で、10歳まで約8時間で、以降徐々に減っていきます。

成人の正常な睡眠パターンをまとめると、夜11時頃から朝7時頃まで、ほぼ連続的に平均7～8時間の睡眠をとります（夜間の単相睡眠といいます）。この睡眠は眠りの深さが5段階で変化して、平均1・5時間の周期を5回繰り返します。各周期の最後に、最も眠りが浅く、また特異なレム睡眠の時期があり、レム睡眠の時間は全体の約20％、残り約80％がノンレム睡眠です。なお、普通は横たわる姿勢で寝ます。

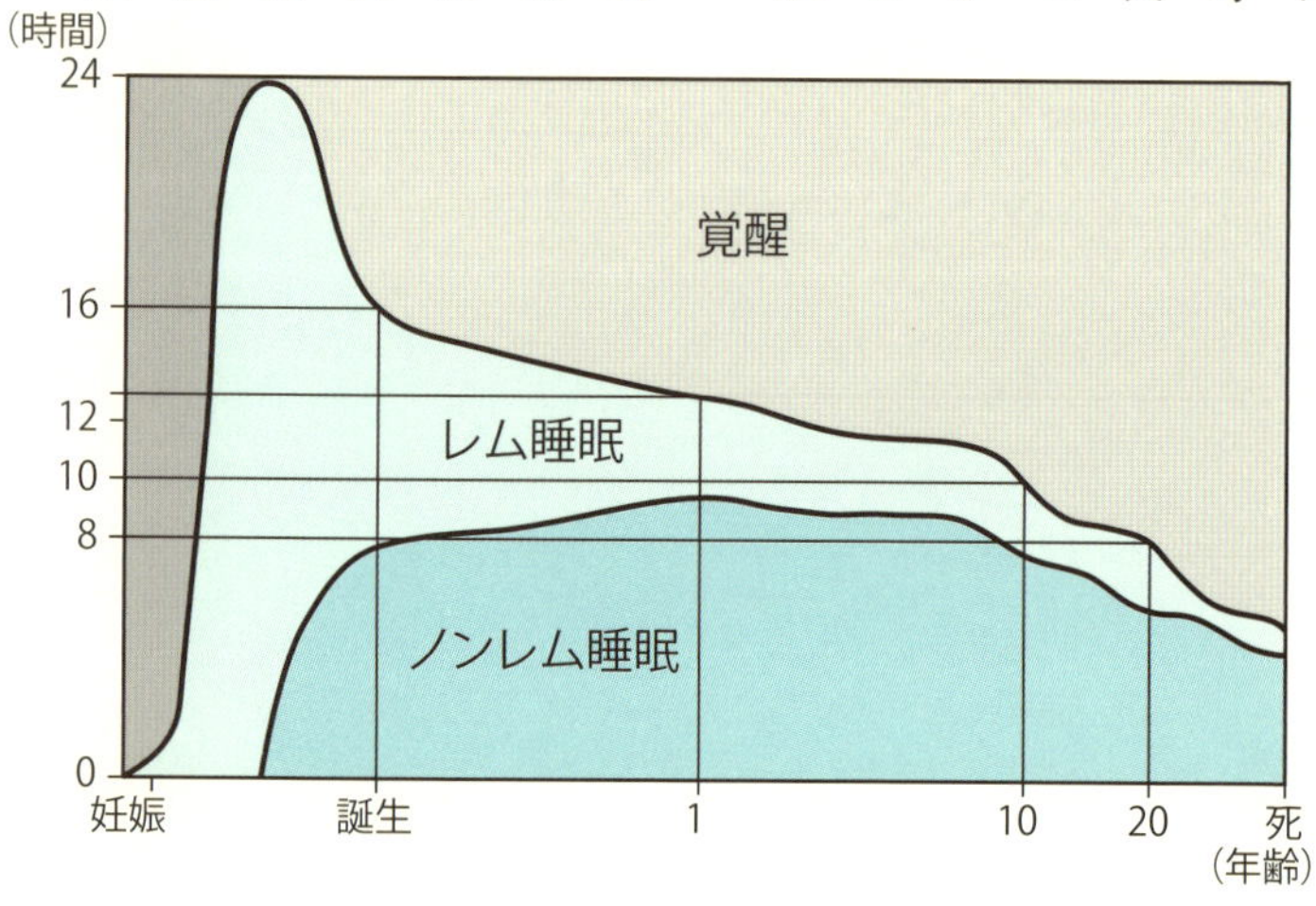

図1-6 年齢によるヒトの睡眠パターンの変化

『睡眠と脳の科学』（祥伝社新書）より作成

1-3 睡眠と覚醒のしくみ

睡眠のリズム

睡眠のパターンを含めて、ヒトの睡眠と覚醒（目覚め）を調節するしくみはなかなか複雑でわかっていないことも多く、新たな研究もさかんに行われています。大まかにいうと、「眠る」ということは、体内時計あるいは概日リズム（一般的に体内時計と呼ばれる）といった生体のリズムや、体の中で作られる睡眠や覚醒を誘発する物質や神経系などによって支配され、脳と体が眠る、ということができるでしょう。

このような調節が行われる舞台は、脳であり、睡眠の調節にはさまざまな部位が働いています。図1

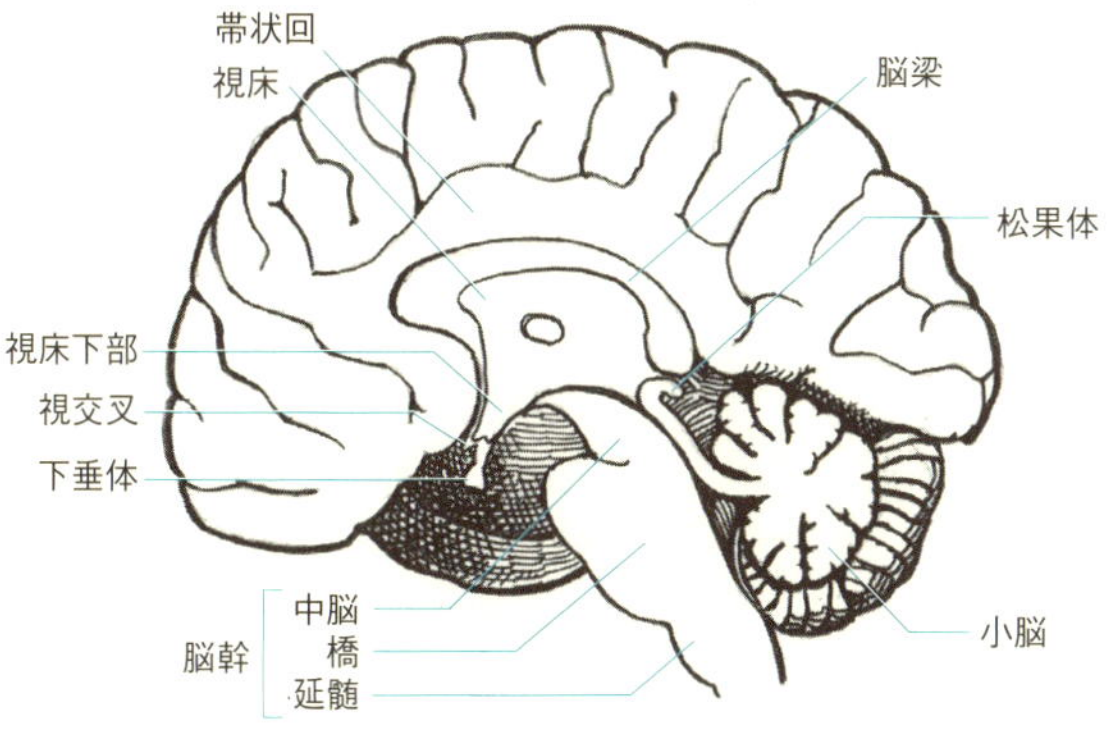

図1-7 ヒトの脳の模式図

主に睡眠に働く部位を示した。

―7に脳の睡眠に関わる場所を示します。

まず、生体リズムについて各部位の働きを述べましょう。地球上のあらゆる生物は、地球が24時間の周期で自転することに強い影響を受けていますが、じつはヒトの体内時計の周期は24時間より、少し長いらしいのです。そのため、どこかで修正されないと、地球と自分の時間がずれていきます。

これを修正するのが朝の光で、目から入った光は、視神経を通じて、視交叉の真上にある視交叉上核に伝わり、その信号が神経を通じて松果体に伝わります。松果体では、睡眠を促す睡眠ホルモンであるメラトニンの分泌が抑えられ、目覚めるのです。反対に、夜になるとメラトニンを分泌をするようになって、睡眠を促します（図1―8）。メラトニンはアミノ酸の一種ですが、夜に合成され、睡眠の概日リズムの調節に関係する重要な物質です。

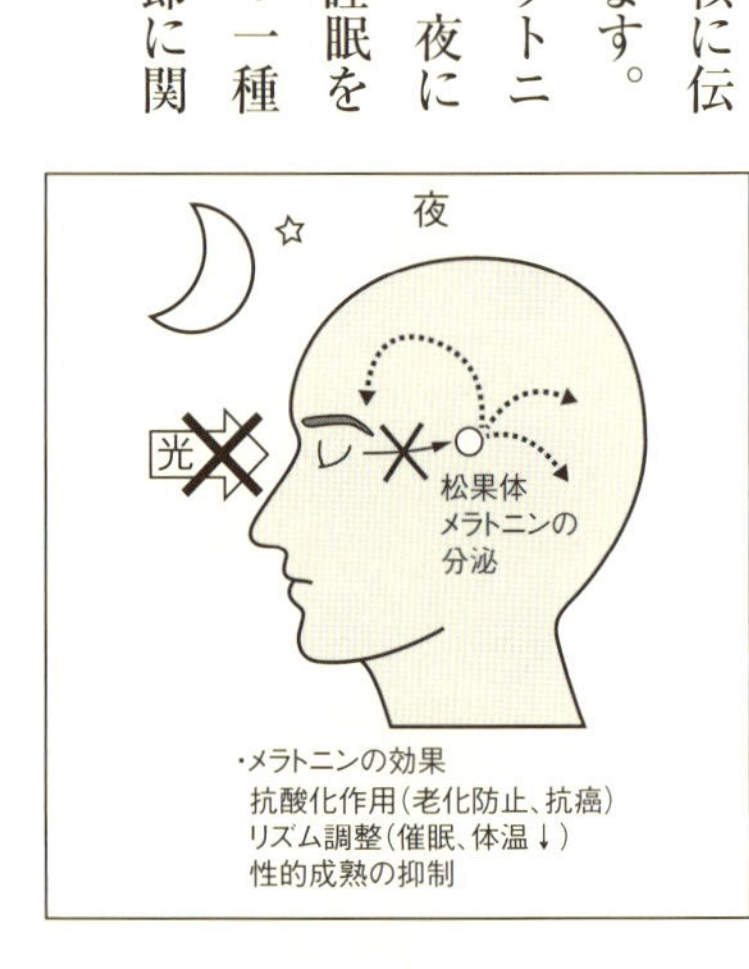

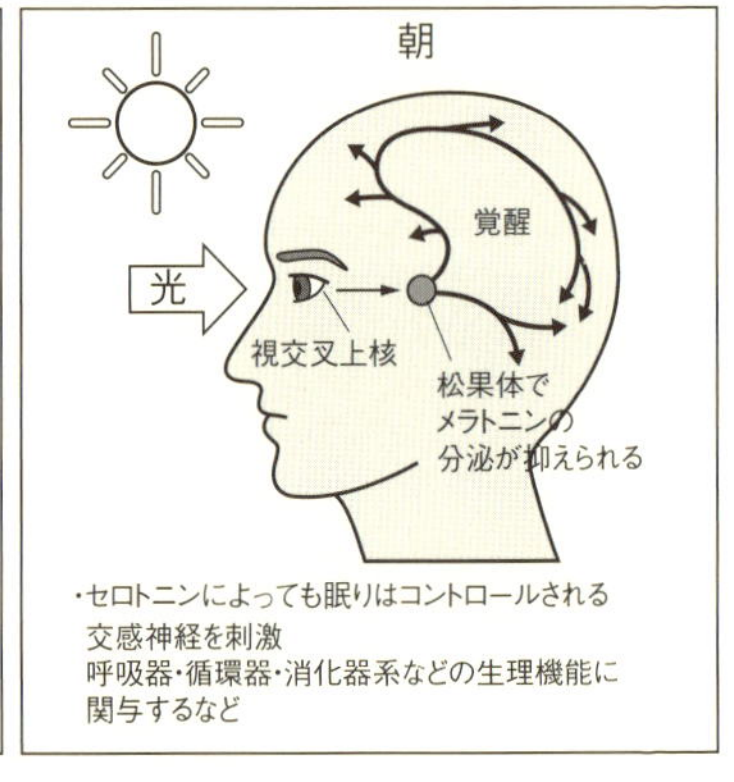

図1-8 覚醒と眠りの光による調節

眼から入る光によって合成されるメラトニンが深く関わっている。
大川匡子「高照度光療法」『日本臨牀』、2015より作成

また、脳幹には、神経伝達物質であるセロトニンやノルアドレナリンによって働く神経細胞（ニューロン、図1-9）がありますが、これらは約1・5時間の自律的な周期性をもって働き、眠りをコントロールしています。

睡眠をコントロールするニューロン

セロトニン作動性ニューロンは、脳内でノンレム睡眠に導く物質である、「ノンレム睡眠誘発ペプチド（DS-P）」や「ノンレム睡眠誘発物質（PS物質）」の合成を引き起こしてノンレム睡眠を行うように体に働きかけ、そしてセロトニン自体はレム睡眠を抑えます。ノルアドレナリン作動性ニューロンもレム睡眠を抑えるように働き、その活動が低下するとレム睡眠が起こり（深く眠る）、高いと覚醒が引き起こされます。

また、睡眠のリズムの調節にも働く重要な睡眠物質

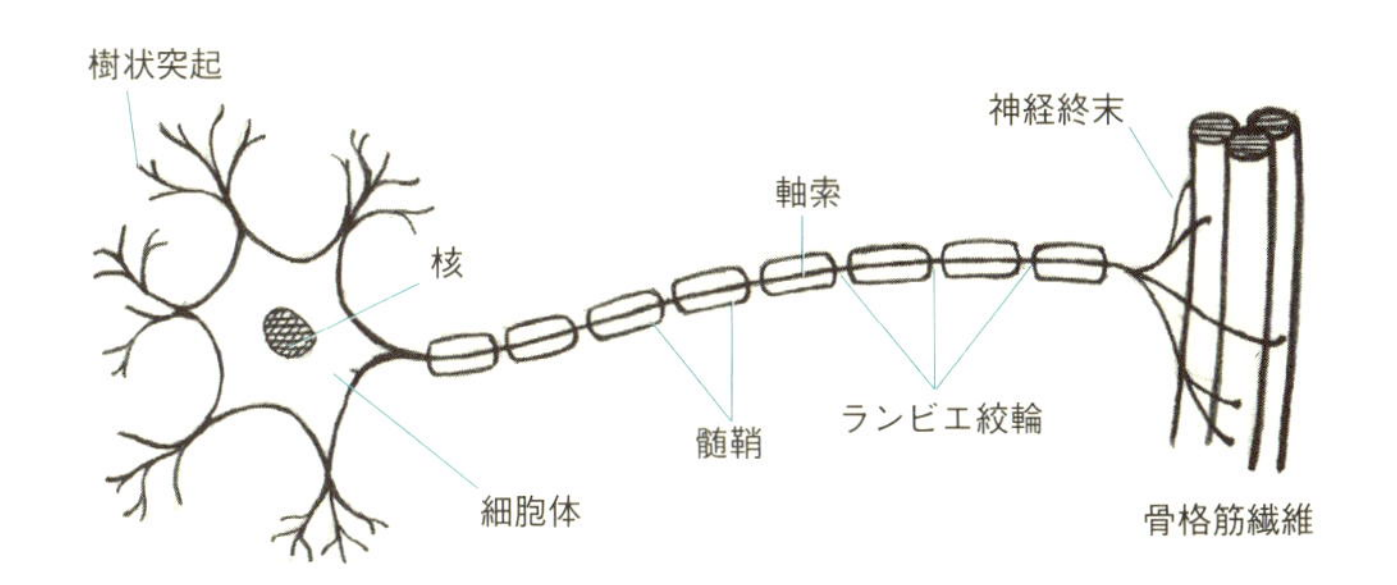

図1-9 ニューロンの基本構造

として、アデノシンが知られています。アデノシンは、視床下部の中にある視索前野という部位にある睡眠誘導ニューロンに作用して、睡眠を誘導します。アデノシンは、脳内で働く多くの神経伝達物質が分泌される時に一緒に分泌されるＡＴＰ（アデノシン三リン酸）が分解されることで生じる物質で、脳の活動が活発な覚醒中の方が脳内での濃度が高く、ある程度覚醒が続くと睡眠を誘発し、睡眠中には次第に濃度が減ってその作用が弱まります。

また、プロスタグランジンＤ２という睡眠物質が、脳を覆うくも膜で作られ、前脳基底部に運ばれてアデノシンを放出することにより、睡眠を誘うこ

睡眠・覚醒ステージ	モノアミン作動性ニューロン	コリン作動性ニューロン①	コリン作動性ニューロン②
覚醒	◎	◎	×
ノンレム睡眠	△	△	×
レム睡眠	×	◎	◎

◎…活発に発火（数 Hz）、△…活動低下（<1Hz）、×…停止

図1-10 覚醒および睡眠各ステージのニューロンの働き

モノアミンはセロトニン、ノルアドレナリンなどを指す。
『睡眠の科学』（講談社）より作成

ともわかっています。

睡眠を調節するニューロンとしては、先に述べたセロトニンやノルアドレナリンによって作動するもののほかにも、人間が体内にもつアセチルコリンという別の神経伝達物質によって作動するコリン作動性ニューロンもあり、重要な働きをしています。コリン作動性ニューロンは脳幹の橋（19ページ図1-7）の中にあり、視床に多くの神経軸索を伸ばして、レム睡眠の誘発などに働きかける作用があります。これらのニューロンの働きを図1-10にまとめて示しました。

さらには、これらの上位で、ときにはこれらのニューロンと関連して、睡眠と覚醒を支配するニューロン群も存在します。その1つは、GABA（ガンマアミノ酪酸）作動性ニューロン（睡眠ニューロン）で、視床下部の中の視索前野にある睡眠中枢に存在します。これは睡眠時にのみ活動して目覚めを引き起こす、脳幹のモノアミン作動性およびコリン作動性ニューロンを強力に抑制します。また、こうした脳幹のモノアミン作動性およびコリン作動性ニューロンは、GABA作動性睡眠ニューロンの働きを抑制する作用があります。

もう1つ、神経ペプチドであるオレキシン（別名ヒポクレチン）によって作動するニューロンがあります。このニューロンも視床下部に存在し、脳の広範な部位に神経の末端を伸ばしています。オレキシン作動性ニューロンは目が覚めている時に活動し、睡眠時に停止しています。そしてモノアミン作動性ニューロンの働きを強めます。このように、オレキシンは覚醒やその安定化に重要に関わりあっているのです（図1-11）。

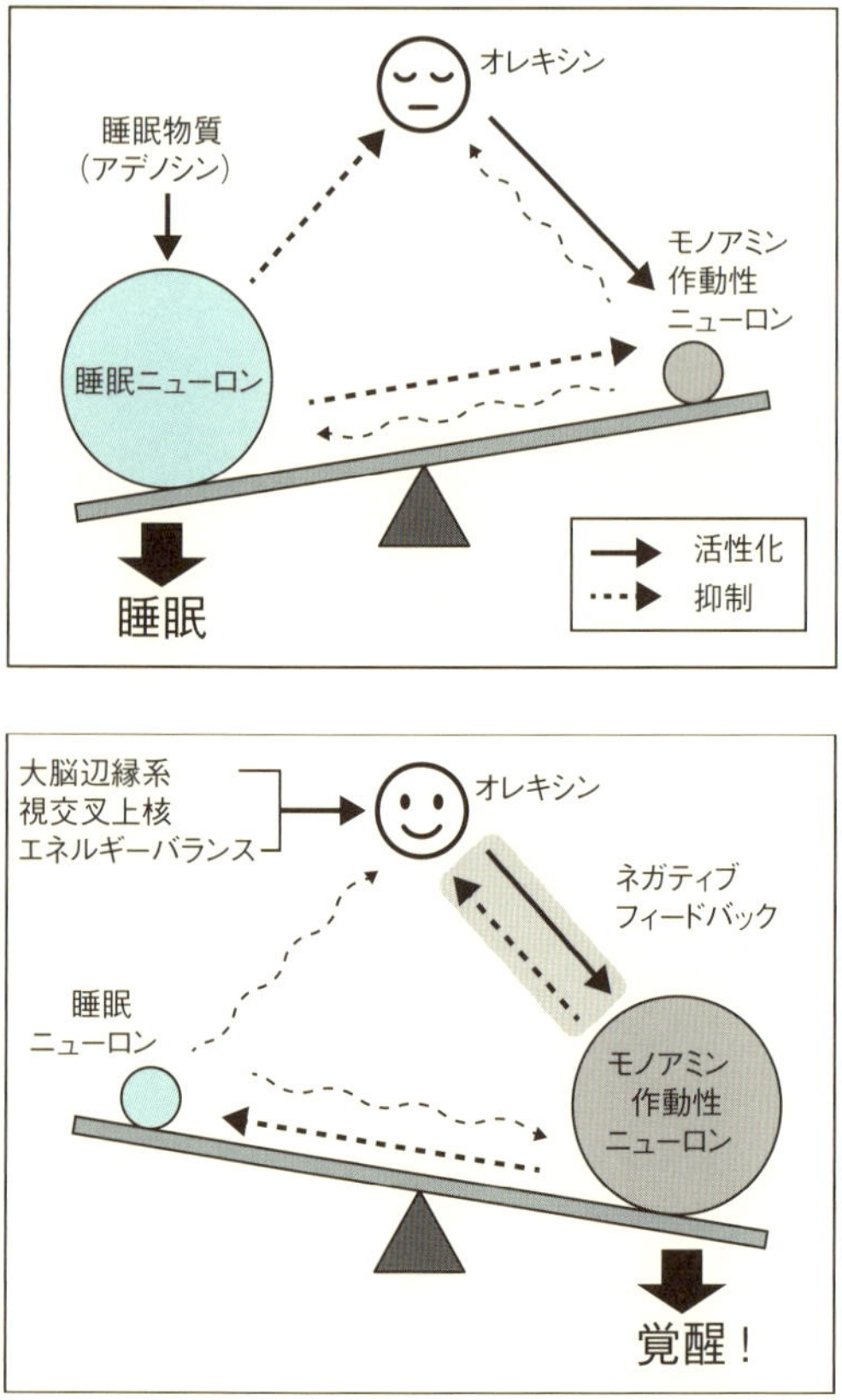

図1-11 覚醒と睡眠に作用するオレキシンの働き

オレキシンがモノアミン作動性ニューロンの働きに影響し、睡眠を全体的にコントロールしている。

『睡眠の科学』（講談社）より作成

じつはオレキシンは、お腹がいっぱいになると眠くなり、減っていると眠りにくいという、読者のみなさんにとっても悩ましい事実に関係しています。

空腹状態では血液中のグルコース濃度（血糖値）が低く、満腹では高くなります。この時、脳脊髄液中のグルコース濃度も血液中の血糖値に対応して変化しますが、オレキシン作動性ニューロンの活動はグルコース濃度が高いほど、抑えられています。つまり満腹時はオレキシンの効果が下がるので、覚醒状態が弱まって睡眠が誘発されやすくなるというわけです。

このように睡眠はさまざまな神経や物質が関係しあって起こる現象です。

1-4 睡眠の異常とその治療

睡眠に関わる病気

睡眠の異常はさまざまなケースが知られています。眠れない、または昏睡状態に陥ってしまうというような、睡眠に異常がある人にとってはたいへん深刻な問題です。しかし、それを調べることで、正常な睡眠のしくみを知ることができる可能性もあります。

ここで睡眠の重要なしくみが知られるきっかけとなった2つの睡眠の病気について述べましょう。その1つは、アフリカ睡眠病という、睡眠についての劇的な症状を伴うアフリカの風土病です。これは、アフリカに広く棲む昆虫ツェツェバ

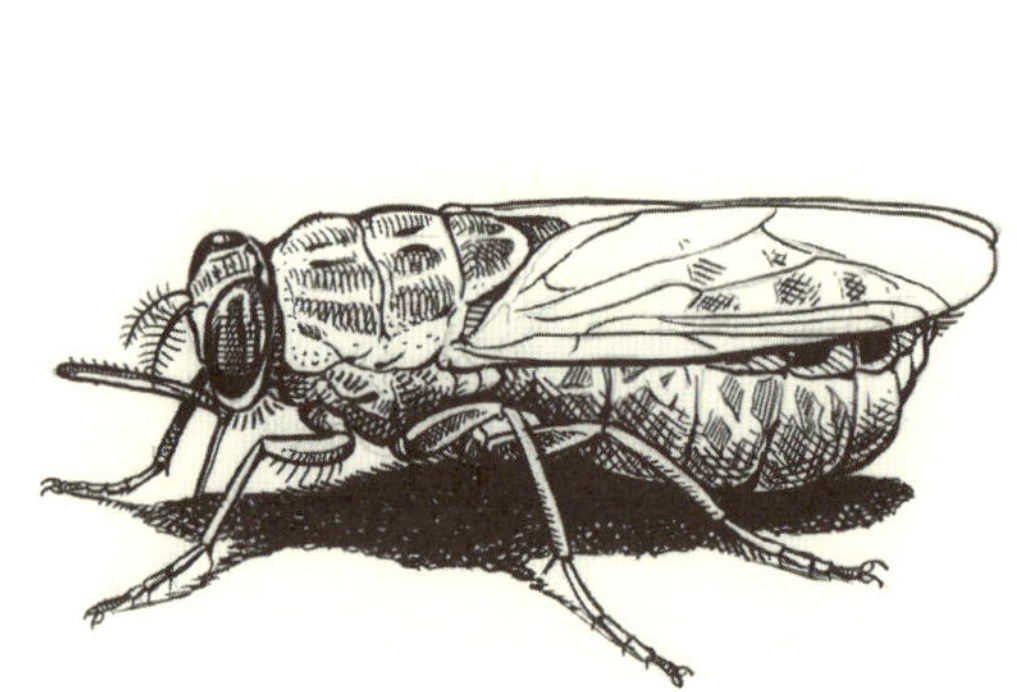

ツェツェバエのなかま

エが媒介する原虫トリパノソーマが起こす病気であり、昏睡状態が続き、最終的に死亡してしまうおそろしい風土病です。この病気では、トリパノソーマが脳に入って、先に述べたプロスタグランジンD2という睡眠物質を大量に作り出すために昏睡状態になることがわかりました。このことによってプロスタグランジンD２が睡眠の調節に重要であることがわかります。

ヒトで知られていた睡眠に関する病気で、もう1つ劇的なものに「ナルコレプシー」があります。これは、強い眠気を伴い、また突然気絶したように寝込んでしまうという特徴のある病気です。この病気の原因は、前述したオレキシン（ヒポクレチン）、またはそれと結合して情報を伝えるオレキシンの受容体の異常です。

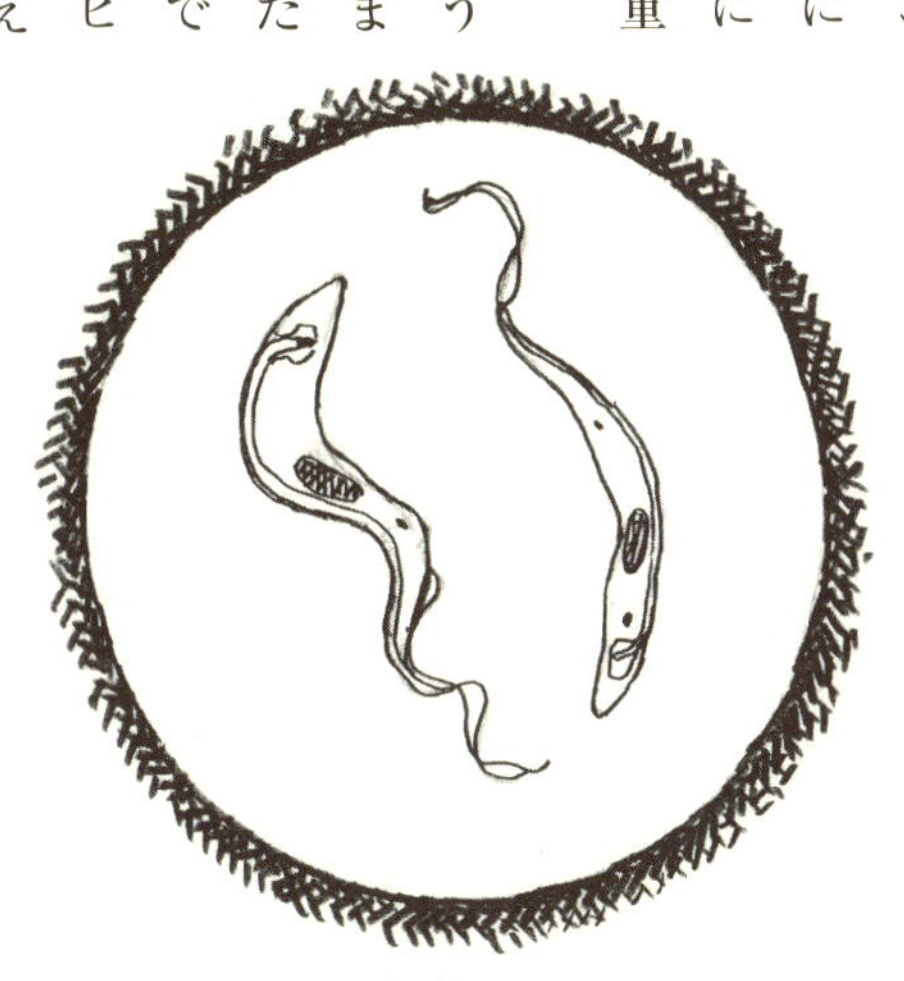

トリパノソーマ

眠れない病気

反対に眠れなくなってしまう睡眠の異常、いわゆる不眠症については、いろいろなタイプがあります。こうした不眠の一般的な要因は、高齢、健康状態の悪さ、心理的ストレスであるとされています（『睡眠のはなし』）。

日本での２００９年の全国的調査によると、寝付きの悪い人（入眠障害）が14人に1人、睡眠中に目が覚めてしまう人（中途覚醒）が７人に１人、朝早く目が覚めてしまう人（早期覚醒）が19人に１人（いずれも週３回以上）で、これらのいずれかの症状をもつ「不眠症」の人は約５人に１人（20％）であるといいます。また、２００７年の厚生労働省の調査では、睡眠薬を服用している人が30人に１人、日中に眠気がある人が10人に１人、睡眠で休養が取れていない人が４人に１人であり、不眠症が重要な問題であることがわかります。

睡眠の薬

このような問題に対して、医師は睡眠薬を処方することも多いことでしょう。現在の日本で、これら不眠症に対して医薬品として認められた、いわゆる睡眠薬は、ベンゾジアゼピン系または非ベンゾジアゼピン系と呼ばれる2つのグループの薬剤が圧倒的に多く使われています。この2つはそれぞれ構造が異なりますが、基本的にヒトの体へは同じように働きます。前述した神経伝達物質GABAの受容体に結合し、その作用を強めることによって睡眠を促します。これらには、抗不安作用、筋弛緩作用をもつものもあり、副作用はあるものの弱く、過剰に服用しても死に至るような危険はないとされています。

また、これらとは作用機構が基本的に異なる睡眠薬として、メラトニン受容体作動薬（ラメルテオン）、およびオレキシン受容体拮抗薬（スボレキサント）が最近医薬品として認められています。前者は日本で最近開発された点で注目されていて、筋弛緩作用や記憶障害などがなく、安全性は高いけれど、効果がやや弱く、高齢者や睡眠位相のずれの治療に有効であるとされます。後者は、睡眠の調節の上位で働く重要な因子オレキシンを標的とする新しい薬品であり、これから有望かもしれません（以上、『今日の治療薬　解説と便覧』南江堂／『眠りの科学とその応用』シーエムシー出版）。

そのほかに、医薬品として認められていませんが、睡眠改善効果が期待できる可能性のある多くの物質や食品も知られています。その中で、アミノ酸であるグリシン、必須脂肪酸の1つアラキドン酸、牛乳に含まれるカゼインの酵素分解物であるミルクペプチド（10個のアミノ酸からなる）などが有望であるとして、現在その研究が進められています（『眠りの科学とその応用』）。

高齢者の睡眠

高齢者では、とくに睡眠に異常がなくても睡眠が浅く、メラトニンの血中濃度や体温などのリズムが、若い人に比べてずっと平坦になっていることが知られています（図1－12）。また、睡眠の時間や質はほぼ正常でも、一日の中での眠る時間帯（概日リズム）の異常もありま

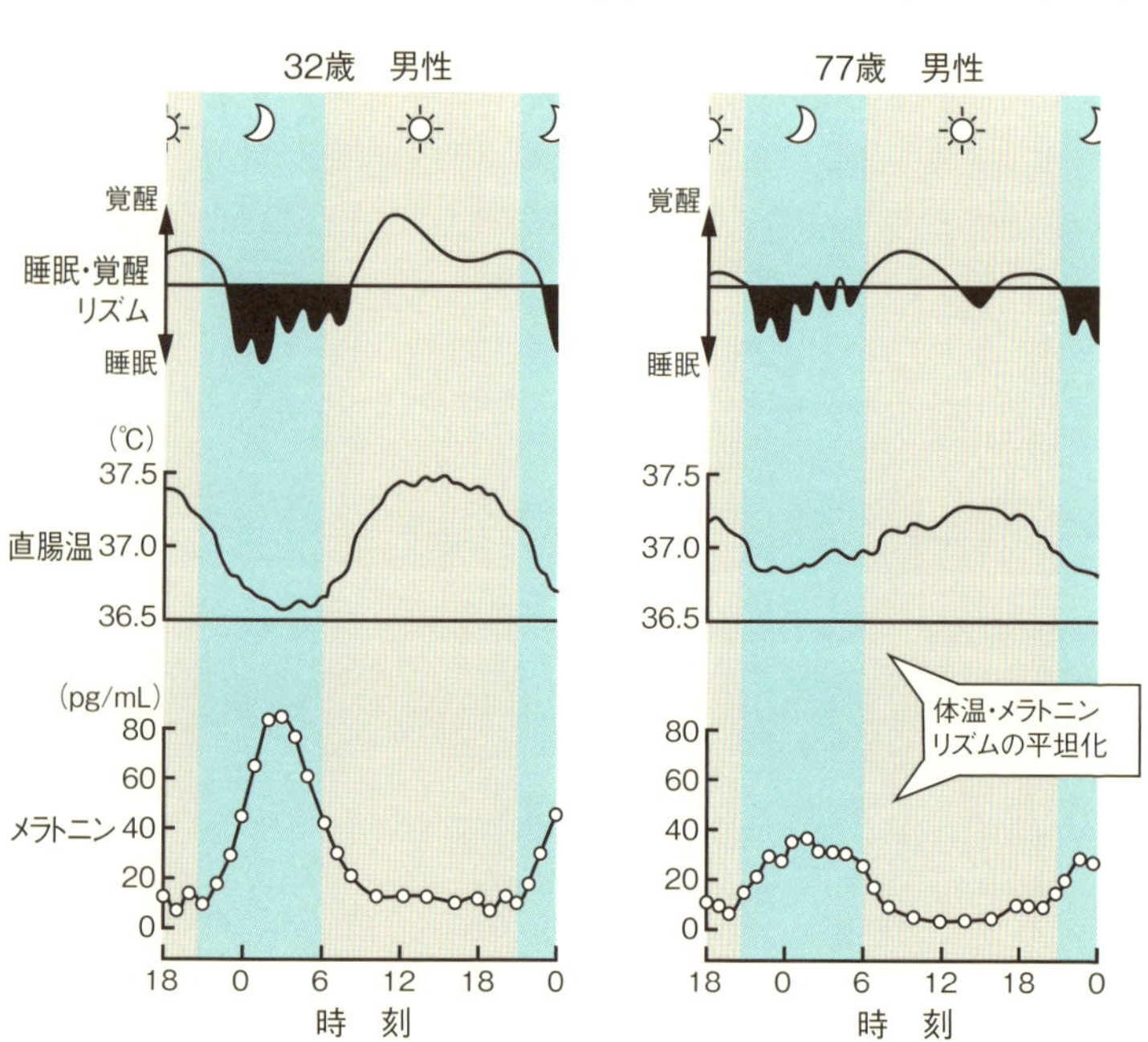

図1-12 年齢による体温およびメラトニン濃度の違い

メラトニン濃度や体温は高齢になると平坦化する。
大川匡子「高照度光療法」『日本臨牀』、2015より作成

す。図1―13は、時間帯について正常な睡眠と、3つの異常な睡眠のタイプを示しています。上から2番目は夜型、一番下は朝型で、ともに時間帯はほぼ一定していますが、3番目のものは時間帯がずれていくタイプです。睡眠相後退型（夜型）の人には朝の光照射、睡眠相前進型（朝型）の人には夕方の光照射、不眠症の高齢者には朝と夕方の光照射を行うことにより、メラトニン分泌の時間帯を変えたり分泌を高めたりすることができるので、これらの治療に有効であるといいます（大川匡子「高照度光療法」『日本臨牀』73巻6号、日本臨牀社）。また、体温のリズムも睡眠のリズムにとって重要な要

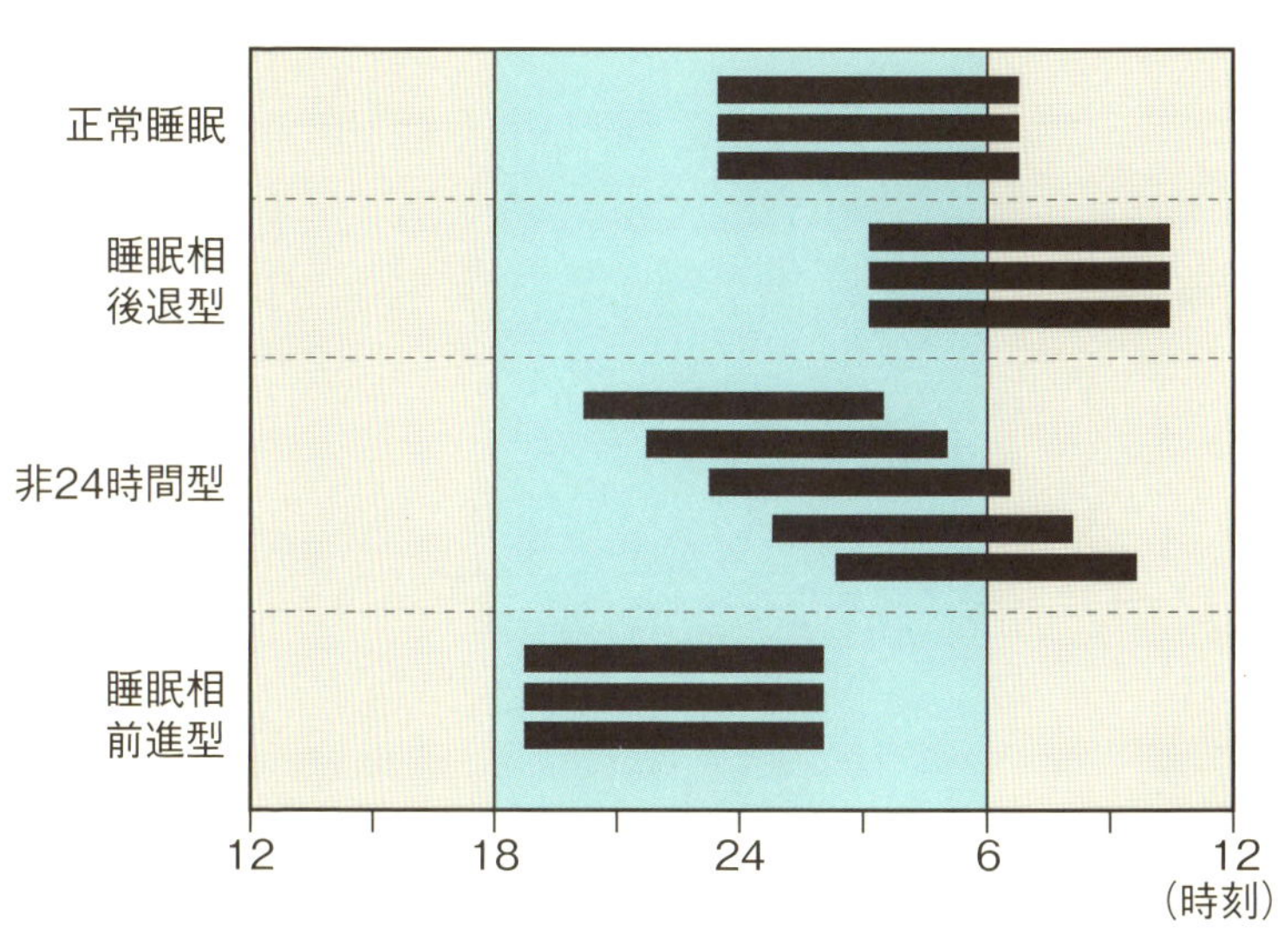

図1-13 睡眠をとる時間帯の異常

『睡眠のはなし－快眠のためのヒント』（中公新書）より作成

素です（図1－12）。

異常とは限りませんが、たとえば車の運転中に眠くなると、重大な交通事故を起こす可能性があります。この対策として、さまざまな指標によって運転中の「眠気」を検知・警告するシステムの開発も行われています（『眠りの科学とその応用』）。

1-5 脳の活動における睡眠の役割

睡眠が脳を育てる

この章のはじめで述べたとおり、ヒトにとって、活動性、記憶力、判断力などを高い状態に保つことが、大きな意味での睡眠の役割です。では、脳の内部においては、睡眠はどのようにして、こうした役割を果たしているのでしょうか。まず、レム睡眠については、その間、大脳は活発に活動し、夢を見ることが多いのです。多くの場合、夢は記憶の断片が一見無意味につながったものとされています。このことからレム睡眠中に記憶が整理され、さらに再編成されていると考えられます。

ラットに学習させる時、学習の量が多いほどその後のレム睡眠が増えること、レム睡眠を起こさせないと学習の成績が落ちることが示されています。しくみはよくわからないけれど、レム睡眠は記憶・学習に重要であるといえるでしょう。また、赤ちゃんがお母さんのおなかの中にいる時、大脳が発達する初期に睡眠は始まっていますが、最初はほとんどがレム睡眠です（18ページ図1－6）。どうやらレム睡眠は大脳の発達にも重要であることが推測されるのです。

もう一方のノンレム睡眠時には、大脳の活動は低下しているので、ノンレム睡眠は大脳の休息と修復の役割があると考えられます。また、とくに深いノンレム睡眠は、記憶の強化にも重要であることが示されています。深いノンレム睡眠においては、大脳皮質の錐体細胞の電気的活動が段々と同期し、大きくゆっくりとした脳波（除波）を示します（17ページ図1-5最下段）。錐体細胞のこの同期的活動がニューロンの維持、相互の結合の再構築に必要であると考えられています。

第2章

哺乳類の眠り

2-1 哺乳類の分類

哺乳類の分類と進化

ここからは、哺乳類の眠りについてお話ししますが、その前にその分類について述べましょう。生物の分類は諸説ありますが、この本では脊椎動物の分類については、主として、長谷川政美『新図説　動物の起源と進化』（八坂書房）に従っています。

哺乳類は哺乳綱という分類群に含まれる動物で、脊椎動物門の動物約4万4000種のうちの、およそ1割を占める4500種前後の動物が現在存在しています。2心房2心室の心臓をもつ、子供（赤ん坊）をメスの乳腺から分泌される母乳によって育てる、などの共通性をもちます。大部分の種では子供は胎生ですが、単孔類（カモノハシとハリモグラ）では卵生で、有袋類（コアラ、カンガルーなど）では、胎生であるものの子供は非常に未熟な状態で生まれ、母親のおなかにある袋の中で長い間育てられます。

哺乳綱には、その下位の分類群として、原獣亜綱（単孔類）、有袋亜綱（有袋類）、

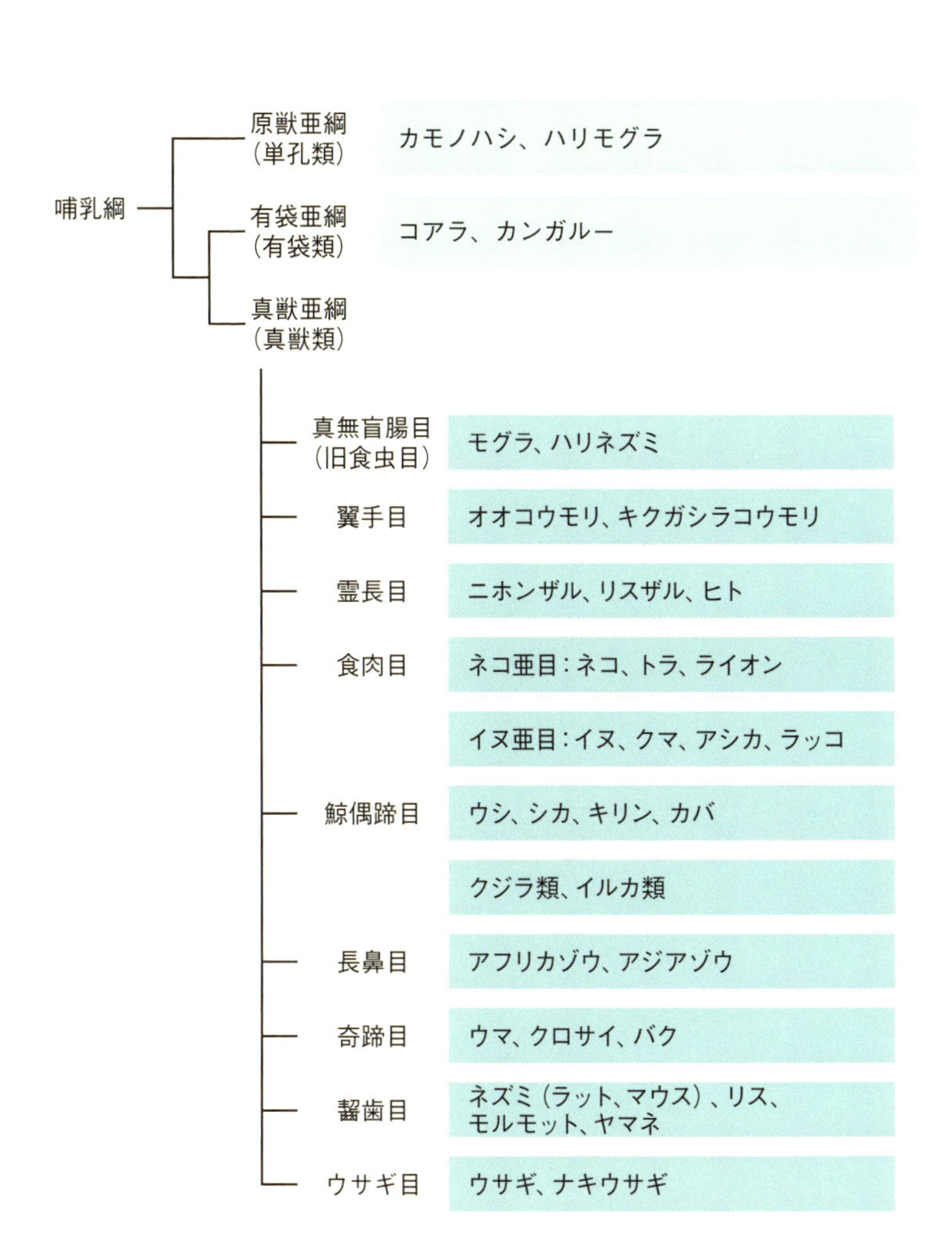

図2-1 本書で扱う主な哺乳類の分類群

真獣亜綱（真獣類）があります。大部分の哺乳類は真獣亜綱に属していて、胎盤と発達した大脳をもち、最も進化した哺乳類と考えられています。現生の真獣類は20あまりの目（order）に分けられていますが、図2−1に、哺乳類の大まかな分類と、代表的な、またはこの章でとりあげる動物の名前を紹介しています。

この図の中にある動物だけでも、棲むところが地上、地中（モグラ）、水中（クジラ、イルカ）、水陸両方（アシカ）、空中（コウモリ）とさまざまであり、大きさ、形、生態もじつに多様です。このような多様さを反映して、以下に述べるように、睡眠のとり方やしくみもやはり変化に富んでいます。なお、現在確認されている最古の哺乳類は、中生代三畳紀の化石種で、起源は単弓類というグループの一部（以前は「哺乳類型爬虫類」と呼ばれていた）より進化したと考えられています。そして、新生代になって爆発的に多様化・進化（適応放散）していきました（土屋健『三畳紀の生物』技術評論社）。

2-2 動物の寝姿

哺乳類のさまざまな寝姿

哺乳類のさまざまな寝姿を紹介しましょう。

樹上に暮らすコアラ（カンガルー目）は夜行性で、昼間はたいてい寝ています。しっかりと前あしで木にしがみつき、バランスをとって寝ます。洞窟などで暮らすキクガシラコウモリ（翼手目）などコウモリのなかまは、洞窟の天井などにぶら下がって寝ますが、空を飛ぶコウモリ特有のユニークな寝姿です。コウモリも多くは夜行性です。霊長目（サル目）のニホンザルは、横向きに横たわって眠るものや、座ってうつむいた姿勢で寝るものなどさまざまです。高等なサルは、ヒトと同じく昼行性で視覚にたより、夜間にまとまっ

コアラの寝姿

た長い眠りをとります。トラ（食肉目）は、ライオンとともに百獣の王とも呼ばれ、ともに夜行性とされ、昼間、開けた土地で、まったく無防備な姿勢で寝ている姿も見られます。大型肉食動物である彼らは、生態系の頂点にいて、無防備な姿で寝ても敵に襲われる心配がないのでしょう。また、食べものの肉類は栄養価が高いので、食べものを探す時間が少なくてすみ、長い時間眠るとされています。野生状態での睡眠の調査はないようですが、動物園ではトラもライオンも14～16時間眠ります。飼い猫は、薄暮型または夜行性とされますが、その睡眠はトラやライオンに近く、レム睡眠が多いといわれます（3時間で、睡眠時間全体の約2割）。

水陸両棲であるカリフォルニアアシカ（食肉目イヌ亜目）は主に陸上（砂浜や岩の上など）で寝ます。アフリカゾウ（長鼻目）は、野生では子供は横

ニホンザルの寝姿

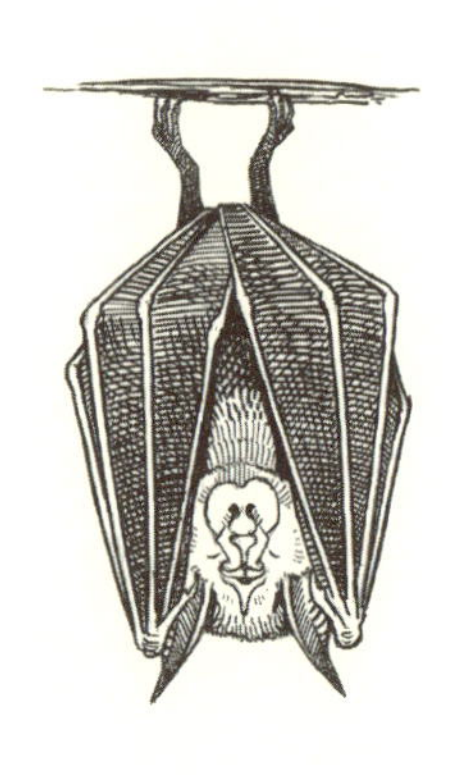

キクガシラコウモリの寝姿

向きや腹ばいで眠ることもありますが、大人は主に立ったまま眠ります。これら6種類の動物の中では、このゾウだけが立ったまま眠ることがあるのがユニークです。アフリカゾウは現存の陸棲哺乳類として世界最大で、体重6トンに達する動物ですが、敵に襲われてもすぐに子供や群れを守れるように立ったまま眠るのでしょう。

ベンガルトラの寝姿

アフリカゾウの寝姿

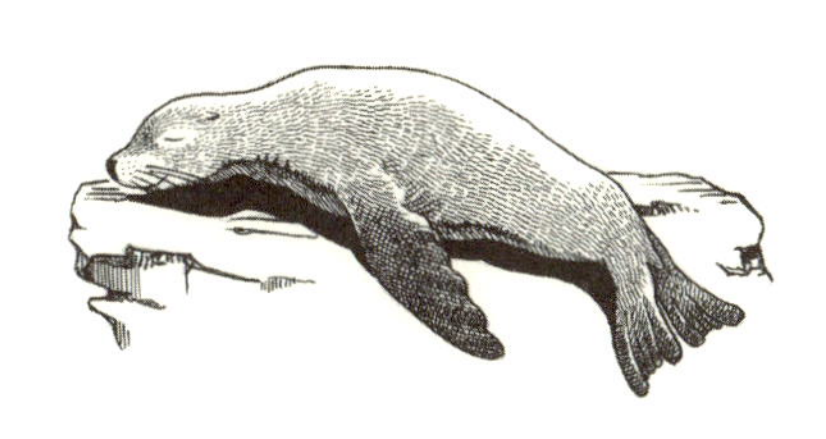

カリフォルニアアシカの寝姿

2-3 いろいろな睡眠パターン

この項では、ヒトとは違う睡眠パターンを示す動物の例をいくつか紹介します。

小型哺乳類の睡眠パターン

まずは睡眠の動物実験に最も多く使われるラット（齧歯目）の昼間の睡眠パターンです。ラットは雑食性、夜行性で、夜間に食べものを探して活発に動きまわりますが、睡眠のパターンは夜と昼であまり変わらず、短い睡眠を何回もとります。昼間の睡眠パターン（図2－2）では、15分～1時間ほどのやや長い覚醒期間が3回ありますが、ほかの覚醒期間は短く、50～60回の非常に断片的な睡眠をとっていることがわかります。

齧歯類は、一般に雑食性でかなり小型です（ラットの体重は約200グラム）。小型であるほど、体重に対する体表面積の割合

図2-2 ラットの昼間の睡眠パターン

矢印で示しているのがやや長い覚醒期間。
Lo et al., Proc. Natl. Acad. Sci. USA (2004), Fig. 1より作成

が高くなるため、体表面からの熱の損失が大きく、37℃前後の体温を保つために体重当たりの基礎代謝率が高くなります。つまり、エネルギーの消費が激しいので、たくさん食べなくてはなりません。ゾウでは1日当たり体重の約1％の食べもので足りますが、ラットよりさらに小さいマウス（約20グラム）では、体重の40％くらいの食べものを毎日摂る必要があります。

小型の齧歯類がこのような非常に断片的な睡眠パターンを示す理由は、絶えず食べものを探す必要があるため、そしてより大型の肉食動物に見つからないように警戒するための2つと考えられます。このように、最もよく使われる実験動物であっても、ヒトとは睡眠パターンが大きく異なります。

ツパイ

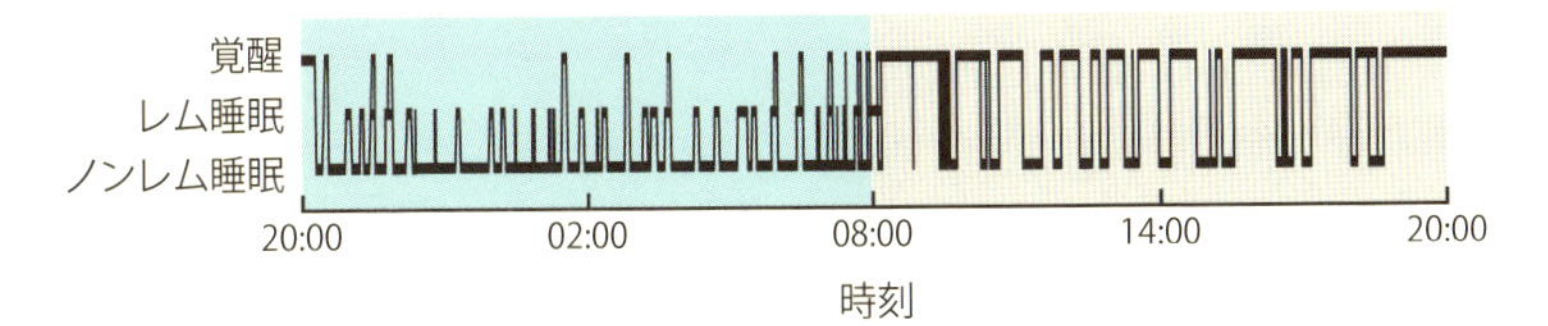

図2-3 ツパイの睡眠パターン

左側の緑色の部分が夜間、それ以外は昼間を示す。
Coolen et al., Sleep (2004), Fig. 2より作成

齧歯類に似ている小さな動物で、ツパイと呼ばれる動物がいます。「ツパイ目」という小さな目に分類されていて、進化系統上、霊長類に非常に近いとされています。東南アジアの熱帯雨林に生息し、雑食性、昼行性の樹上生活をする動物で、実験にもよく使われます。

12時間ごとに明暗が変わる周期での1日の睡眠・覚醒のパターン（図2-3）を見ると、夜間には大部分の時間（10・9時間、91%）眠っていて、そのうちレム睡眠が約20%（2・2時間）を占めています。一方、昼間にも4時間（33%）眠りますが、すべてノンレム睡眠です。1日全体で睡眠（計14・9時間）は20回くらいに分かれ、かなり断片的といえます。

昼行性である点は、齧歯類のラットなどと異なりますが、小型哺乳類であることは共通で、睡眠が断片的であることは小型動物に共通する特徴であると考えられます。樹上生活をする点でラットよりも捕食される危険が少なく、そのため睡眠時間が長く、断片化の程度が少ないのかもしれません。睡眠時間の総和が長いこと、昼間の睡眠にレム睡眠がまったくない点で夜のパターンと異なること、この2つがヒトの睡眠との大きな違いといえます。

クジラ類の睡眠パターン

シロイルカ（鯨偶蹄目、ベルーガとも呼ばれる）は水の中に棲むという意味でユニークな哺乳類の1つです。泳いでいる状態のシロイルカの左右の脳波を同時に記録したデータがありますが、一方が活動している時には他方が休んでいることを示していました（図2-4）。これは「半球睡眠」と呼ばれる、ノンレム睡眠の一種で、水棲哺乳類などに特徴的な睡眠のパターンです。

同じく鯨偶蹄目に属するイルカ（ハンドウイルカ、ネズミイルカ、アマゾンカワイルカ）やクジラ類も、水中でこのような睡眠をすることが知られています。これらの鯨偶蹄目の水棲哺乳類では、レム睡眠がほとんどないことも知ら

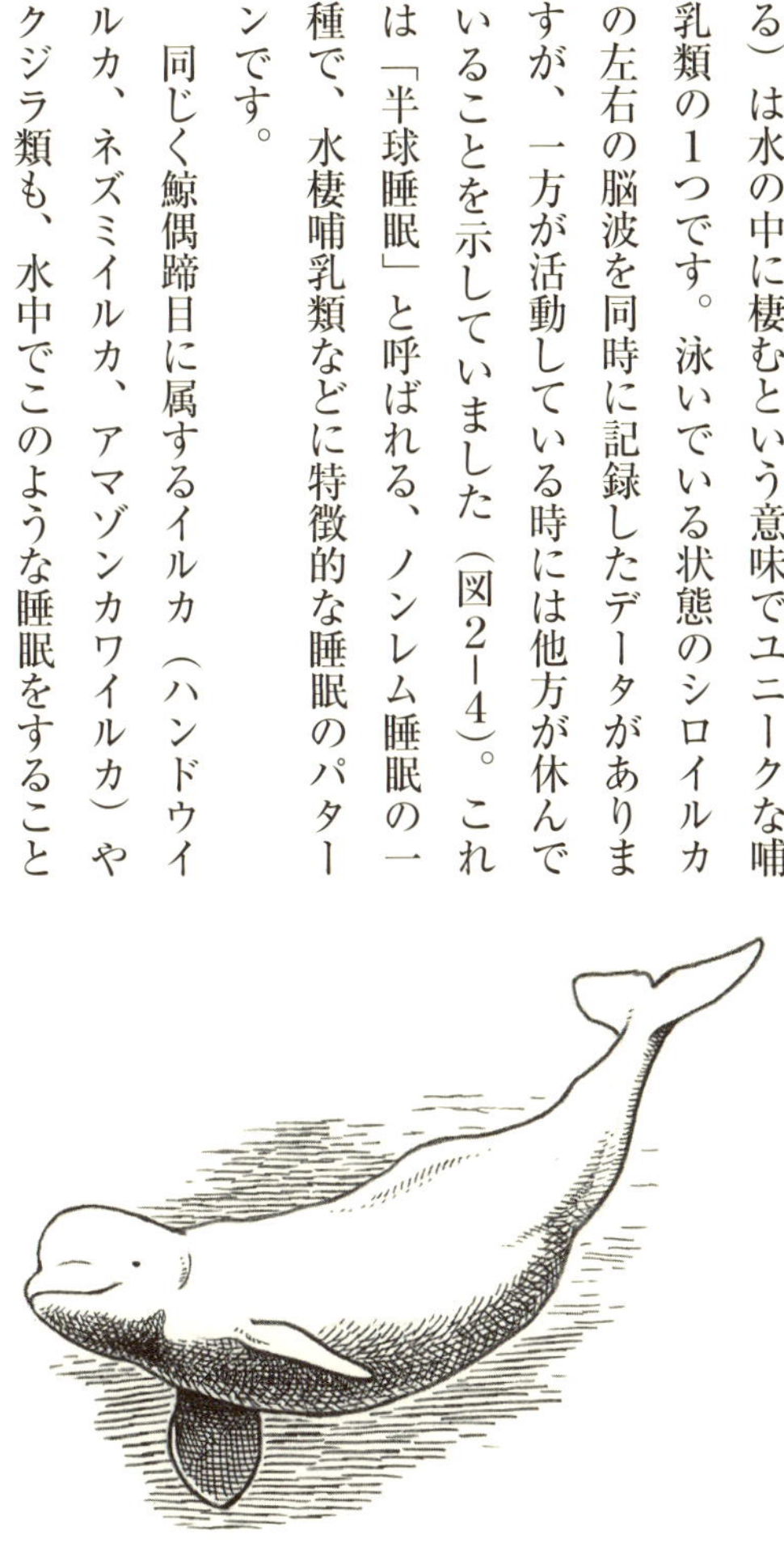

シロイルカ

れ、ともに睡眠パターンの重要な特色といえます。泳ぐためのヒレは両側ともに絶えず動かしていますが、眠っている脳の反対側のまぶたは必ず閉じているといいます。レム睡眠では筋肉の緊張がゆるむので、ヒレを絶えず動かすためにレム睡眠がないと考えられます。このような、レム睡眠のない半球睡眠は、絶えず泳ぐ動作が必要なこれら水棲哺乳類に適応した睡眠と考えることができます。

海獣類の睡眠パターン

同じく海を主な生活場所とする、アシカ、アザラシ、オットセイ、トド、セイウチなどの海獣類たちは、食肉目イヌ亜目に分類されています。水陸両棲で海岸近くに棲み、肉食です。食べものをとるのは水中で、繁殖は陸上で行います。

これらの動物は、水中では鯨偶蹄目のイルカやクジ

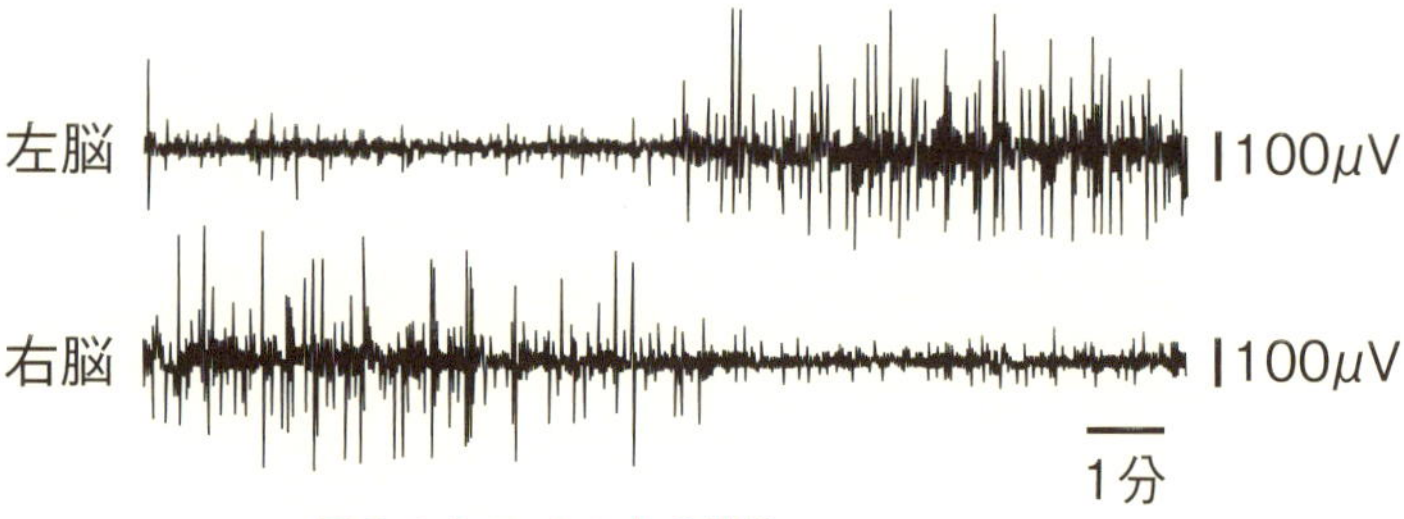

左脳 100μV
右脳 100μV
1分

図2-4 シロイルカの脳波

右脳と左脳が交代で覚醒・睡眠を繰り返す。
Siegel, Nature (2005), Fig. 3より作成

ラのように半球睡眠を示し、レム睡眠（逆説睡眠）がほとんどありません。しかし陸上では陸棲哺乳類と似た睡眠をとることが知られています。

たとえばオタリアの陸上の睡眠では、全睡眠時間5・9時間のうち、レム睡眠が2・3時間（39％）、その1回は20分未満で、昼夜の別なく断片的な睡眠をとると報告されています。オットセイは、ほとんど水中で過ごし、泳ぎながら半球睡眠をとりますが、その時、眠っている脳の反対側のヒレは動かないといいます。オットセイでも水中での半球睡眠ではレム睡眠がほとんどありませんが、陸上に上がると、レム睡眠・ノンレム睡眠の両方を伴う両球睡眠のパターンにすぐ切り替えられるようです（Siegel, Nature, 2005）。陸棲哺乳類では、レム睡眠が妨げられると、その後に長いレム睡眠をとる傾向がありますが、オットセイではそれがありません。水陸両棲生活への見事な適応といえるでしょう。

イヌの睡眠パターン

そのほか、いくつかの動物が示す、ヒトとは違う睡眠パターンを紹介しましょう。

我々に最もなじみの深いイヌは食肉目に属し、本来肉食の動物です。ポインターという品種について実験室中で調べた結果では、全部で13・4時間の睡眠は約10回に分かれ、睡眠・覚醒周期の平均は83分、そのうち睡眠は約半分の45分、レム睡眠は合計2・9時間（全体の12％）、1回平均6分、1周期中平均2回でした。ノンレム睡眠は徐波睡眠5・5時間とまどろみ（drowsy state）5・0時間に区分されています（Lucas et al., Physiol. Behav., 1977）。ビーグル犬についての別の論文では、睡眠・覚醒のサイクルは1日を通じて20～30分であると報告されています（Wauquier et al., Electroencephalogr. Clin. Neurophysiol., 1979）。ヒトの睡眠と比べてみると、レム睡眠の割合は似ていますが、睡眠時間全体が長く、睡眠が断片的である点でかなり異なっています。

大型哺乳類の睡眠パターン

ケニアの国立公園での野生状態のアフリカゾウの研究によると、野生のゾウの睡眠時間については3・3時間という報告が紹介されていて、非常に短いことがわかります。その主な理由は、体が非常に大きく、また食べものである植物の栄養価が低いため、一日の大半を、食べものを探したり食べたりするのに費やすからだとされています（井上昌次郎他『動物たちはなぜ眠るのか』丸善）。

アジアゾウについては、サーカスまたは動物園で飼育されているものについても、やや詳しい調査があり、全睡眠時間は大人で4・0~6・5時間、この中で横臥位での睡眠が2・8~4・5時間（約7割）、横臥位での1回の睡眠が平均72分と報告されています。これによると睡眠回数は平均4回となります。多くの睡眠が21時以降にとられ、午前1~4時が睡眠の深い時間帯でした。この調査は夜間だけに行われましたが、昼行性のゾウは、昼間はほとんど寝ないといいます。レム睡眠と思われる状態がしばしば観察されはしましたが、その詳細ははっきりとわかっていません（Tobler, Sleep, 1992）。ヒトの睡眠との主な違いは、とくに野生では時間が短いこと、やや断片的なこと、立ったままでも眠ることでしょう。

動物園で飼育されているキリン（鯨偶蹄目、草食）についての同じような調査結果があります。幼獣を除く7頭（成獣、若獣）については睡眠時間の平均は4・6時間、このうちレム睡眠は13分（4・7%）、1回の睡眠時間は1~35分、とくに横臥位では11分未満でした。午後何回か居眠りをしますが、睡眠の主な時間帯は20時~7時であり、横臥するよりも立ったままで眠る時間の方が長いそうです（Tobler & Schwierin, J. Sleep Res., 1996）。睡眠時間が短く、断片的なこと、立ったまま眠ることが多いのが特徴です。

野生の大型哺乳類の睡眠についての研究は困難ですが、クロサイ（奇蹄目、草食）

については、最近の貴重な記録があります（Santymire et al., Sleep, 2012）。これは、南アフリカ共和国の国立公園において、クロサイが寝る2つの場所での、夜間の横臥した睡眠についてだけの調査結果ですが、全睡眠時間は3・5～4・5時間、睡眠の1サイクルはオスで平均106分、メスで平均59分であり、夜間の睡眠の回数はオスで平均6・7回、メスで平均3・2回、全睡眠時間はオスで平均11・5時間、メスで平均3・2時間でした。2つの場所については、睡眠時間は変わらないものの、時間帯が変化したそうです。なお、昼間も寝ることが知られていますが、調べられていません。夜間の睡眠時間が短く、断片的であること、オスとメスで睡眠周期と全睡眠時間が著しく異なるのが特徴でしょう。行動パターンは薄暮型とされています（『動物たちはなぜ眠るのか』）。

霊長類の睡眠パターン

ヒトに近い霊長類の動物の例として、実験動物としてよく使われるリスザルの睡眠の報告があります（Wexler & Moore-Ede, Am. J. Physiol., 1985）。飼育室中で12時間の明暗サイクル（ＬＤ）および常に明るい状態（ＬＬ）の2つの条件で調査が行われ、睡眠時間はＬＤで11・3時間、ＬＬで10・7時間でした。昼行性の動物なので睡眠をとるのは主に夜間ですが、夜間のみでの調査では、ノンレム睡眠がLDで8・2時間、LLで6・5時間、LLの方が睡眠開始の時間帯が遅いという違いがありました。暗くならなくても夜になると寝ますが、暗い夜よりもレム睡眠の割合が多くなるようです。全体としては、ヒトの睡眠パターンに似ています。

ここでは、いろいろな哺乳類の眠りのパターンについて述べましたが、哺乳類の中でもかなり多様な睡眠のパターンが見えてきます。これらについては、表2–1にまとめて比較しています。

(時間または%)		睡眠時の姿勢	特徴	文献	備考
ノンレム睡眠(NREMおよびSWS)	時間帯				
6～8時間			レム睡眠が長く、脳波の電圧が低くない	Siegel et al., Neuroscience, 1999	
暗期 79.6%、明期 100%、計 12.6 時間	暗期 10.9 時間、明期 4.0 時間	暗期は巣箱の中、明期は棒の上	明期の眠りはすべてノンレム睡眠	Coolen et al., Sleep, 2012	昼夜のパターンと体温が大きく異なる
	コバナフルーツコウモリは昼間が多く、ヨアケオオコウモリは昼夜半々			Zhao et al., Behav. Brain Res., 2010	コバナフルーツコウモリ：*C. sphinx* ヨアケオオコウモリ: *E. spelaea*
夜間について LD：8.2 時間 LL：6.5 時間	LL の方が開始が遅い			Wexler & Moore-Ede, Am. J. Physiol., 1985	概日周期が LD：24.1 時間 LL：24.7 時間
徐波睡眠 5.5 時間 まどろみ 5.0 時間	13:00～5:00 の間		睡眠が断片的に起こる	Lucas et al., Physiol. Behav., 1977	まどろみ（drowsy state）はノンレム睡眠と判断される
3.6 時間	昼夜の区別なし		逆説睡眠の割合が高い、徐波睡眠時には脳の活動が左右非対称	Lyamin et al., Behav. Brain Res., 2002	
	21 時以降に開始、1～4時が深い	大部分は横臥、一部は立位	サーカスのゾウと動物園のゾウで、ほぼ同じ結果	Tobler, Sleep, 1992	夜間のみ観察、しかし昼間はほとんど寝ない
	アドゥ地区 20:00～24:00、ニャティ地区 20:00～4:00		場所により、時間は変化しないが、時間帯は変化した	Santymire et al., Sleep, 2012	夜間、横臥位のもののみ調査。昼間も寝る
	20：00～7：00 が主 午後何回かの居眠り	立位または横臥		Tobler & Schwierin, J. Sleep, Res., 1996	
			著しく断片化、昼夜の区別がない、やや長い覚醒期が3回	Lo et al., PNAS, 2004	
徐波睡眠 7.2時間、まどろみ3.0時間、計10.2時間	明暗で大きな差がない	スフィンクス様、または後ろ脚を伸ばす	おそらく断片的	Pivik et al., Behav. Nural Biol., 1986	まどろみ（drowsy state）はノンレム睡眠と判断される

表2-1　哺乳類の睡眠の比較

種と分類	生態の特徴	調査の条件	睡眠の回数	1日の睡眠時間		
				全体（TST）	周期	レム睡眠（REMおよびPS）
カモノハシ（原獣亜綱単孔類）	オーストラリアに固有、水中で採餌					5.8～8時間
ツパイ（ツパイ目）	雑食性、樹上生活、実験動物、霊長類に近縁、昼行性	木と巣箱のある檻の中、12時間の明暗サイクル	約20回	14.9時間	レム睡眠：2.7分 ノンレム睡眠：4.9分	暗期20.4%（2.2時間）、明期0%
果実食コウモリ（2種、翼手目）	果実を常食とするコバナフルーツコウモリの方が大きい	実験室中、自然条件と同じ明暗周期で	コバナフルーツコウモリ < ヨアケオオコウモリ	15時間	コバナフルーツコウモリ > ヨアケオオコウモリ	
リスザル（霊長目）	昼行性	飼育室中、12時間の明暗サイクル（LD）、明期のみ（LL）	1回	LD：11.3時間 LL：10.7時間		
イヌ（食肉目）	本来肉食、薄暮型あるいは夜行性	実験室中、ポインター6頭	約10回	13.4時間	睡眠・覚醒周期の平均は83分、そのうち睡眠45分	2.9時間、1周期中平均2回で、1回平均6分
オタリア（食肉目イヌ亜目）	水陸両棲	1才メス、陸上、12時間の明暗サイクル	8～31回（平均17回）の逆説睡眠	5.9時間		2.3時間（1回20分以下）、39%
アジアゾウ（長尾目）	草食、大型、昼行性	サーカスまたは動物園で飼育されている12頭	3～4回	成獣で4.0～6.5時間（横臥位で2.8～4.5時間）	72分（横臥状態）	しばしば観察されたが開始、終了不明
クロサイ（奇蹄目）	草食、大型、薄暮型	野生8頭、南アフリカのアドゥ・エレファント国立公園	（推定3～4回）	（推定3.5～4.5時間）	オス：平均106分、メス：平均59分	
キリン（鯨偶蹄目）	草食、大型、昼行性	動物園の8頭（成獣5、若獣2、幼獣1）	多数	4.6時間（成獣と若獣）	1～35分、横臥位で11分未満	逆説睡眠4.7%（13分）
ラット（齧歯目）	雑食、小型、夜行性	2～3か月のオス6頭、12時間の明暗サイクル	50～60回		1回の睡眠は平均6.2分、覚醒は平均2.3分	
ウサギ（ウサギ目）	雑食、小型、薄暮型	成獣オス10頭、12時間の明暗サイクル		平均11.4時間	逆説睡眠の平均間隔25分	逆説睡眠9.6%（66分）、1回平均0.9秒、夜減少

注：PS（paradoxical sleep、逆説睡眠）はレム睡眠、SWS（slow wave sleep、徐波睡眠）はノンレム睡眠とみなしている。

2-4 睡眠時間の違いとその要因

哺乳類の系統と睡眠の関係

ここでは、睡眠の特徴的な指標である睡眠時間について比較・考察します。哺乳類についても、その睡眠パターンの多様さの要因として、動物の系統というものも重要とは考えられますが、睡眠時間と分類・系統との関係は単純ではありません。たとえば同じ目に属する2つの哺乳類を比べても、睡眠パターンは同じとは限りませんし、別の目の哺乳類同士が似通った睡眠パターンをとることもあります。

図2-5の左側に、同じ目に属する各2つの哺乳動物を3組示しています。上段は齧歯目、中段は食肉目、下段は霊長目ですが、図中の数字が示すように、全睡眠時間、レム睡眠時間ともに2つの種の間でかなり異なります。全睡眠時間ではいずれも右側の種の方が短く、約半分ですが、レム睡眠時間では差がより大きい（上、中）か、あるいは同じ（下）です。図の右側は、逆に、分類群（目）が異なる2つの哺乳類の間で、全睡眠時間、レム睡眠時間とも互いにほぼ同じである3組の例を示してい

ます。分類群から睡眠時間を予想することは困難でしょう。

この図に示されている11種類の動物が哺乳類全体をよく代表するとはいえませんが、それらの睡眠時間を全体として比較してみましょう。全睡眠時間の最長は17時間（ヨザル、霊長目）、最短は5・3時間（ヤギとハイラックス、鯨偶蹄目とイワダヌキ目）で、最長は最短の3倍以上、平均は9・6時間でヒト（8・0時間）よりやや長くなります。レム睡眠については、最長がネコ（食肉目）の3・2時間、最短がハイラックスの0・5時間、平均1・6時間となります。また、レム睡眠時間の全睡眠時間に対する割合は最高がネコの26％、最低がハイラックスの9・4％で3倍近く違い、平均16％です。ヒトの割合24％は最も高い方といえます。

哺乳類の睡眠時間と体重には関係があるのでしょうか。図2-6は、陸上に棲む哺乳類について、その全睡眠時間と体重の相関関係を示すグラフ（A：肉食動物、B：草食動物、C：雑食動物）です。これによると、草食動物（B）でははっきりした負の相関、すなわち体重が大きいほど睡眠時間が少ないことが示されています。肉食動物（A）についてはほとんど相関がなく、雑食動物（C）では弱い負の相関があり、これらすべてをあわせると、雑食動物のものに近い、弱い負の相関があります（相関係数は約マイナス0・5）（Siegel, Nature, 2005）。

図2-5 睡眠時間とレム睡眠時間の比較

数値は全睡眠時間 / レム睡眠時間を表す（h=時間）。
睡眠時間のデータは、Allada & Siegel, Curr. Biol. (2008), Fig. 1より作成

食べものと睡眠の関係

図2-6には、肉食動物、草食動物、雑食動物それぞれに約20種の動物が含まれていますが、睡眠時間の平均は、それぞれ約13時間、7~8時間、約12時間、全体で平均10~11時間と推定されます。肉食動物は一般的に睡眠時間が長く、草食動物は短いといえるでしょう。その理由は、肉類が植物よりも栄養価が高く、食べものを探したり食べたりするのに必要な時間がより短いこと、草食動物はどれも肉食動物による捕食を警戒する必要があるため、および睡眠のほかに睡眠と覚醒が混在する「うとうと状態」がある（『眠りを科学する』）ためと考えられます。ヒトの睡眠時間は、ほかのほとんどの雑食動物よりも短く約8時間です（C）。なお、この図に含まれる全部で約70の種の中で最も睡眠時間が長いのは2種類のコウモリ（おそらく虫を食べるので肉食）および雑食のオポッサムの約20時間、最短は草食のアフリカゾウ、ウマなどの約3時間です。

哺乳動物は、体温を37℃前後に保つ恒温動物であり、そのために絶えず酸素を消費し、熱の産生を行っています。この熱産生の1日当たりの量を基礎代謝率といいますが、この値が全睡眠時間、レム睡眠時間、ノンレム睡眠時間と負の相関関係にあるこ

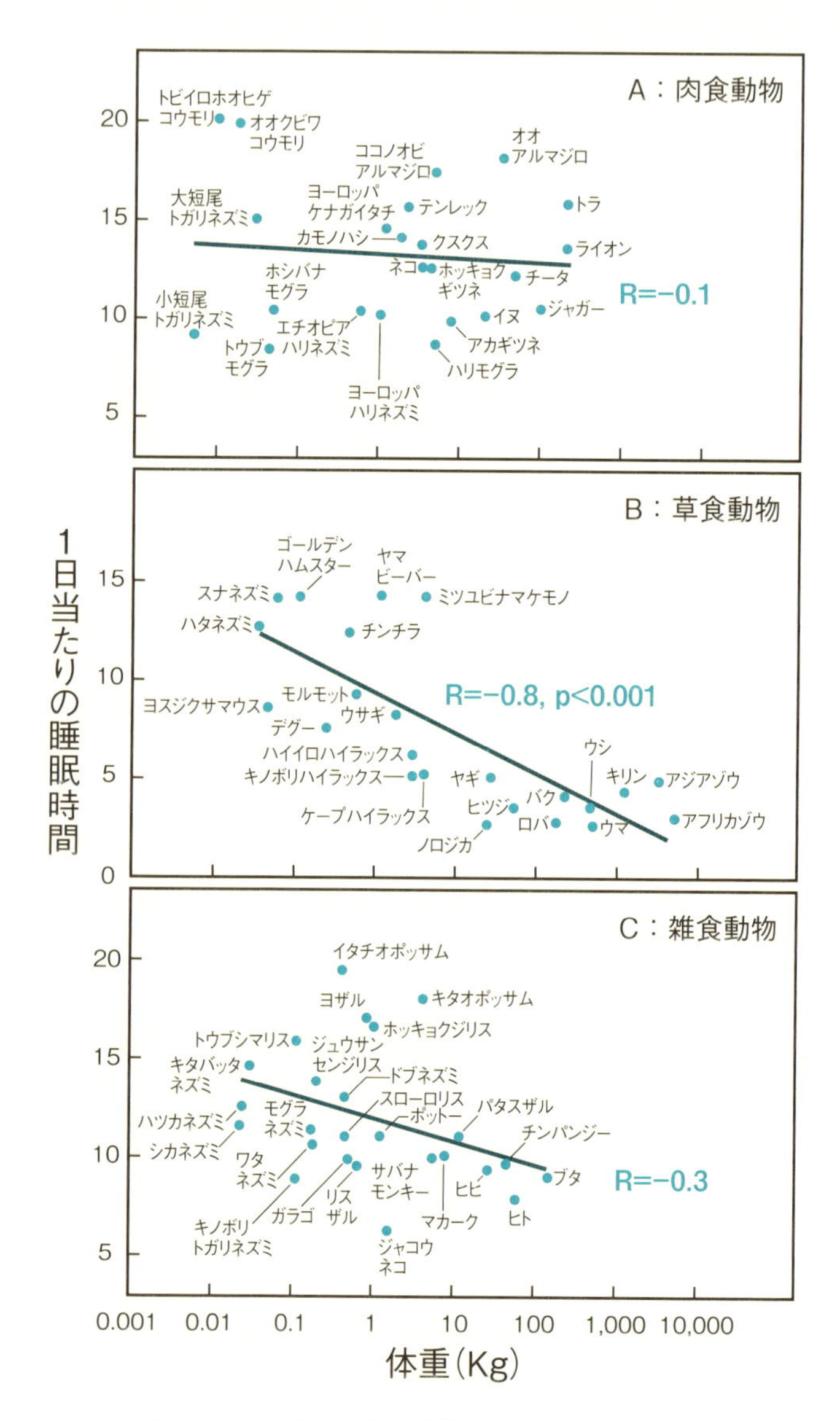

図2-6 さまざまな陸上動物の睡眠時間と体重の関係

pは相関係数R＝－0.8が誤りである確率を示す数字であり、<0.001は統計的に99.9%より高い有意性を示す。
Siegel, Nature (2005), Fig. 2より作成

とが報告されています（Capellini et al., Evolution, 2008）。この基礎代謝率は、当然体重が大きいほど高く、体重と正の相関関係にあります。これが、草食動物、雑食動物での睡眠時間と体重の関係を説明する理由と考えられます。しかし、肉食動物でなぜこのような関係がはっきりしないのかはよくわかりません。

動物にとって、眠る時に外敵に襲われる可能性がどれくらいあるかは重要な問題であり、できるだけ安全な場所で寝ると思われます。この寝る場所の安全性を評価して、何段階かに数値化し、睡眠時間との相関を調べた結果、レム睡眠、ノンレム睡眠ともに弱いものの負の相関があることが報告されています（文献同右）。つまり安全性がより高い場所で眠る動物の方が、より長く眠る傾向があることになります。このことから、草食動物、雑食動物において、小型の動物の方がより長く眠る理由の1つが、小型の方が捕食者に見つかりにくいためである可能性も考えられます。

脳の重さおよび食べる量と睡眠の関係

成獣および生まれた時の脳の重さは、睡眠時間との関連はないと記されています（文献同右）。またアフリカゾウと小型の哺乳類オポッサムの脳を比較した実験によると、ゾウの脳（約2キロ）の方が200倍ほど重いのですが、全睡眠時間およびレム睡眠時間は、オポッサムが18時間と6・6時間、ゾウが3・9時間と1・8時間であり、少なくとも正の相関関係がないことがわかります。この論文では、脳の新皮質(neocortex)の重さと正の相関がないと記しています(Siegel, Nature, 2005)。

多くの動物では、睡眠は何回かに分けてとられますが、睡眠・覚醒の周期(サイクル)は小さい動物ほど短く、体重と正の相関があると報告されています(Capellini et al., Funct. Ecol., 2008)。睡眠・覚醒の周期の長さは当然1回の睡眠の長さと密接に関連するので、これにも同じ正の相関があるでしょう。このことは、さまざまな動物の睡眠の比較からも推定されます。ラットやツパイなどの小型の動物では睡眠が著しく断片化していることがそれをよく表しています。この理由は、小型の動物ほど、一定体重当たりの基礎代謝率が大きく、必要な体重当たりの食べものの量が多いため、頻繁に食餌をとる必要があるためと推定されています(文献同右)。

2-5 冬眠――普通の眠りと違う深い眠り

冬眠とは

　ある種の動物において、冬季（ときには夏季）のある程度の期間、活動が低下する「冬眠（夏眠）」は、この本で述べてきている一般的な意味での「睡眠」とは違うメカニズムによるものです。しかし、少なくとも広い意味ではこれも眠りの一種なので、ここで解説しようと思います。

　冬眠は、広義には両生類、爬虫類、節足動物などの陸生の変温動物の越冬状態も指しますが、厳密な、あるいは狭い意味での冬眠は、小型のリス、ヤマネ、コウモリ、ハリネズミなどを中心とする哺乳類および鳥類の一部（ヨタカ類）の恒温動物のみに見られます。最近では研究が進み、全哺乳類4000種あまりのうち、7目183種が冬眠するとされています。最も多いのは齧歯目で102種（リス類、ヤマネなど）、2番目が翼手目（コウモリ類）で57種、3番目が真無盲腸目で9種（ハリネズミ、テンレックなど）です。これらはほとんどが小型であり、最小はキクガシラコウモリなどのコウモリ類で、10グラムに満たないものもあります。しかし、このリストの中には食肉目のアナグマ、ツキノワグマ、ホッキョクグマ（メスのみ）が含まれており、クマは体重数百キロと例外的に大きい動物です（Wikipedia／川道武男他編『冬眠する哺乳類』東京大学出版会／『岩波　生物学辞典』）。

最も典型的な冬眠をするのは小型哺乳類ですが、これらの動物は小型であるために、体積または体重に対する体表面積の比が大きく、外気が低温になると正常な体温を維持できなくなるための適応現象である（『岩波　生物学辞典』）と記されており、これが従来の一般的な説であったと思われます。しかし、シマリスについての詳細な研究により、次に述べるような、これと異なるまた深い意味のある生物現象であることや、その機構が明らかにされてきました（近藤宣昭『冬眠の謎を解く』岩波書店）。

シマリスの冬眠

シマリス（実際はチョウセンシマリス、Asian chipmunk, *Tamias sibiricus*）は体重100グラム足らずの、齧歯目リス科の典型的な冬眠動物の1つです。『冬眠の謎を解く』の近藤博士は、最初、4～5℃で食べものを与えないでおくのがシマリスを冬眠させる条件の1つとする資料を参考にしていたので、そうしたところ、一見冬眠しているような状態になりましたが、数日後に死んでしまったといいます（いわゆる凍死）。

結局、この温度で暗くして食べものを与えて飼い続けた結果、自然条件で冬眠が起こる10～12月にだけ冬眠が起こったそうです。このことは、冬眠は、動物が本来もつ概年リズムというべきリズムによって支配されていること、このリズムが基本的に遺伝子で規定されていることを示しています。

恒暗条件では、このリズムにはかなり個体差がありますが、自然条件では温度の低下や短日化によって調整されていると考えられます。

冬眠中の体温は6～7℃とほぼ一定に保たれ、呼吸は間欠的に時折起こりますが、正常で毎分約２００回行っているものが平均数回に、心拍数は約４００回が10回以下

冬眠するシマリス

地面に掘った穴や、木のうろに枯れ葉をつめ、冬眠する。

に低下しました。体内の代謝反応速度やエネルギー消費は正常時の100分の1程度と推定されます。

冬眠が始まると、短時間触ったりしても冬眠が続きますが、体に強い刺激を加えたり、大きな音を立てたりすると呼吸が早くなり、30分ほどで正常な体温（37℃）になり、覚醒します。このような強い刺激がない条件では、冬眠（低体温状態）は数日から1週間続きますが、その後必ず前述のような覚醒（中途覚醒）が起こります。中途覚醒は1日から2、3日続き、その長さは冬眠時間が長いものほど短いことがわかっています。中途覚醒時にどのような行動をしているかは前記の本には記されていませんが、排泄、摂食などをしているかもしれません。それはともかく、中途覚醒がないと凍死してしまい、中途覚醒が生き続けるために必須と考えられています。それは、正常な速度での種々の代謝反応や老廃物の処理を時々しないと生命を維持できないため、必要と推定されています。

冬眠を起こすメカニズム

シマリスの冬眠は現象としてこのようなものですが、近藤博士は、冬眠を起こす機構を調べるために20年あまりの苦難に満ちた研究を行いました。そのキーポイントとなる研究としては、次の3つが挙げられます。

第1は、6~7℃という低温で、通常は停止する心臓の拍動が冬眠中には続く機構の解明です。これについて簡単にいうと、通常は電気信号によってナトリウムイオン（Na^{+}）チャネルが開いて心筋細胞内部の電位が+に転じ、それによってカルシウムチャネルが開いてカルシウムイオン（Ca^{++}）を細胞内に流入させ、心筋を収縮させます。冬眠していない時に低温になると、Ca^{++}の増加を短時間で止められないため、心臓が収縮した状態を続け、機能しなくなり、凍死してしまいます。

ところが冬眠時には、心筋細胞内のカリウムイオン（K^{+}）を排出するチャネルの働きを強くしてCa^{++}チャネルが機能しないようにし、代わりに細胞内の筋小胞体を大幅に強化して、ここからCa^{++}を出し入れして心臓の拍動を続けさせるという興味深い結果が得られました。

第2は、冬眠開始を可能とするより上位の機構あるいは「冬眠物質」を明らかにするため、冬眠時と正常時で存在量が大きく異なるタンパク質を見つける生化学的な実験です。これにより1つの複合体を形成している4種類のタンパク質HP20、HP25、HP27、HP55（数字は千単位の分子量を示す）が、冬眠時の血液中で減少するものの、脳脊髄液中ではこの4種類のタンパク質のうちの3つ、HP20、HP25、H

Ｐ27の複合体が最大50倍くらいまで冬眠時に増加するという発見でした。そして、驚くべきことに、この変化は、23℃で飼育していてまったく冬眠しないシマリスでも、自然条件で冬眠が起こる秋に、同様に起こることがわかりました。この変化が冬眠を可能にする必須な条件と考えられます。

第3の重要な実験は10年あまりをかけて行われた、シマリスの寿命、あるいは生存曲線を調べるものです。この結果は、冬眠する条件でも、しない条件（23℃）でも最長寿命が約11年となりました（図2–7）。これは、図中に示されている対照動物のラット（シマリスよりやや大きい）の最長寿命の4～5倍であり、100グラムに満たない小型の動物としては驚異的な長寿命です。冬眠しない条件では、4年以内に死ぬ個体が少数ありましたが、これらにおいては、右記のＨＰタンパク質の変化が起こらなかったそうです。このことは、第2の実験で示された冬眠を可能にする変化が長寿の原因でもあることを示しています。

これらの結果を基にして、現在冬眠の機構がさらに研究され、また通常は冬眠しないラットなどの動物にシマリスのＨＰタンパク質を導入して、シマリスと同様な変化が起こるかといったことも調べられています。『冬眠の謎を解く』には、動物の冬眠の有無は遺伝子によること、冬眠を起こす前述の脳内の変化が体の若返りを起こさせる可能性、動物やヒトの寿命を長くできる可能性も指摘されていて、いずれもたいへん興味深い内容です。

さて、冬眠と通常の睡眠との関係ですが、『動物たちはなぜ眠るのか』および『眠りを科学する』には、シマリスと同じ齧歯目リス科のジリスでは、睡眠と異なることを示す研究が記されています。ジリスでは、冬眠に入る時、体温が37℃から27℃に下がるまではノンレム睡眠が優勢でレム睡眠が次第に減り、27℃から25℃に下がる間はノンレム睡眠のみになり、これ以下の温度では脳波が検出できなくなります。

ジリスの冬眠は長く続かず、短い

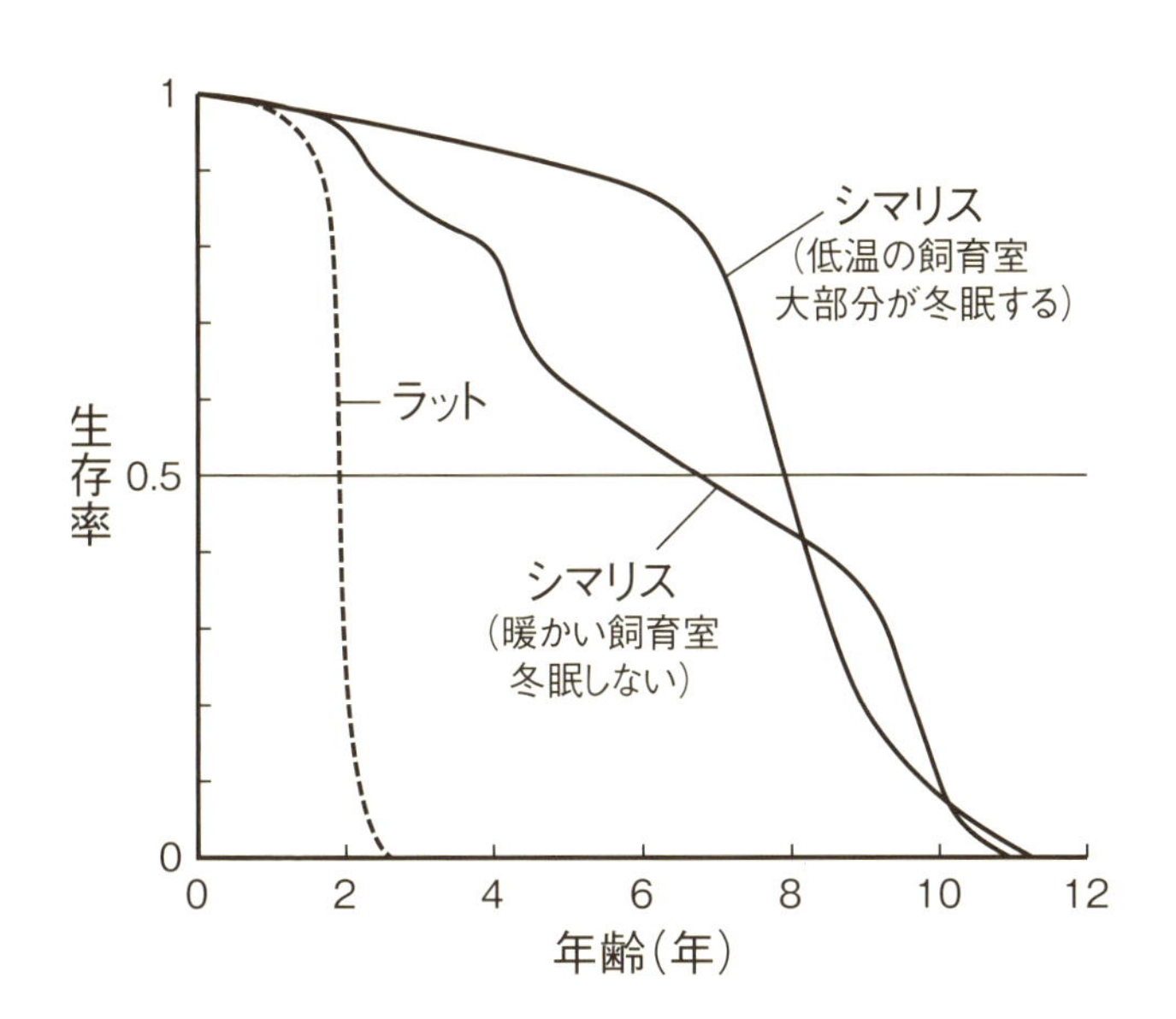

図2-7 冬眠したシマリスと冬眠しないシマリス、そしてラットの寿命の比較

低温の飼育室は5℃で恒暗、暖かい飼育室は23℃で12時間の明暗周期。
『冬眠の謎を解く』(岩波書店)、図7より作成目覚めが断続的に繰り返され、目覚めない動物は死んでしまいます。そして、目覚めの期間には体温は正常に戻りますが、体温が上がり出すとすぐ深いノンレム睡眠に入ります。このノンレム睡眠は、その前の冬眠期間が長いほど深く、栄養や水の補給はせず、ただ眠るために覚醒するということです（文献同）。これらのことから、ジリスについては冬眠と真の睡眠はまったく異なると考えられます。

しかし、前述のシマリスについては、冬眠と睡眠の関係についてはほとんど書かれておらず、まだ未解決とされています。多分、冬眠一般についてのコンセンサスがないのでしょう。

植物の休眠

植物にはもちろん、動物の冬眠と同じものはありませんが、種子ができてから翌年発芽するまでは、いわば休眠状態であり、冬眠と似ているといえます。果実の中で種子ができても、そこで発芽しない理由の1つは、種子が成熟するにつれて乾燥するためだとされています（B. B. Buchanan他著『植物の生化学・分子生物学』学会出版センター、2005年）。

発芽を妨げる要因が周囲に存在する可能性もあります。種子を長期に保存するためには、ある程度乾燥させることが重要で、乾燥したものを低温で保存すれば、発芽能力を保持したまま長く保存できます。このような休眠中の種子においては、遺伝子がほとんど発現しておらず、適温で吸水すると遺伝子発現が起こり、発芽するようです（文献同前他）。

2-6 哺乳類の眠りの進化

哺乳類の睡眠パターンの特徴

全睡眠時間、および1回の睡眠時間や睡眠・覚醒周期の長さについては、前々節（54〜60ページ）で比較・考察しました。これらは動物の大きさ、食性、寝る場所の安全性などによって変化するようですが、それらとの関連は複雑であり、哺乳類を全体として見る時、その進化・系統との密接な関連は見出しにくいといえます。

以前、原始的哺乳類である単孔類ではレム睡眠がないとされていましたが、今ではハリモグラ、カモノハシともにレム睡眠があり、カモノハシではとくに強い眼球、手足およびくちばしの動きを伴うことが知られています（Siegel, Nature, 2005／52〜53ページ表2-1）。すなわち、レム睡眠は哺乳類に共通な現象らしいのです。ノンレム睡眠はおそらくより基本的な睡眠の状態であり、それがあることは全哺乳類に共通でしょう。しかし、その内容について、どの程度の違いがあるかはよくわかりません。

たとえば、イヌではdrowsy state（まどろみ）と表現されている状態が合計5時間もあり（表2-1参照）、これはヒトではノンレム睡眠の第1または第2の段階の浅い眠りに相当すると思われますが、何か違いがあるかもしれません。

睡眠を何回に分けてとるかという睡眠のパターンについては、哺乳類の進化とある程度関連づけられています。次ページの図2-8は、この章で紹介した動物を含む主な分類群（目）を現在考えられている哺乳類の系統樹上に配置したものですが、大部分のグループが多相睡眠（■で示す）であり、単相睡眠（○）の動物は少数派であることがわかります。この少数派の、単相睡眠をする主なグループは、ウシ、ヒツジなどの鯨偶蹄目の一部、奇蹄目のウマなど、サル類（霊長目）、ゾウ（長鼻目）となっています。ウシ、ヒツジ、ウマ、ゾウは草食、霊長目はヒトを含めて雑食であり、肉食動物には単相睡眠がありません。またこれら単相睡眠動物は、哺乳類全体から見ると大型の動物であり、睡眠時間は短めのものが多いのです。

哺乳類の睡眠パターンの進化

哺乳類の祖先が非常に小型であったことは明らかであり、この章でも紹介したように齧歯類などの現生の小型動物でも回数の多い断片的な睡眠がとられています。これらのことから、霊長目のヒトを含めて、多相睡眠から単相睡眠への進化が、比較的最近、また大きさや食性に関連して起こったということができるように考えられます。それが、睡眠の質のより高い状態とも関連しているかもしれません（Capellini et al., Funct. Ecol., 2008）。とくに、睡眠が非常に短いゾウ、ウマなどにおいて、短時間の睡眠で足りるのはどうしてでしょうか。睡眠の質が高ければ短時間で足りるでしょうが、ヒトを含め、動物の睡眠の深さや質をさらに比較研究する必要があると筆者は考えます。

なお、霊長目、ゾウ、ウシ、ウマなど単相睡眠をとる大型の哺乳類は、主に昼間活動する昼行性の動物です。他方では、齧歯類など、原始哺乳類に近いと考えられる小型哺乳類は、夜行性で昼間寝るものが多いので、夜間に睡眠をとることが単相睡眠と関連する可能性も考えられます。

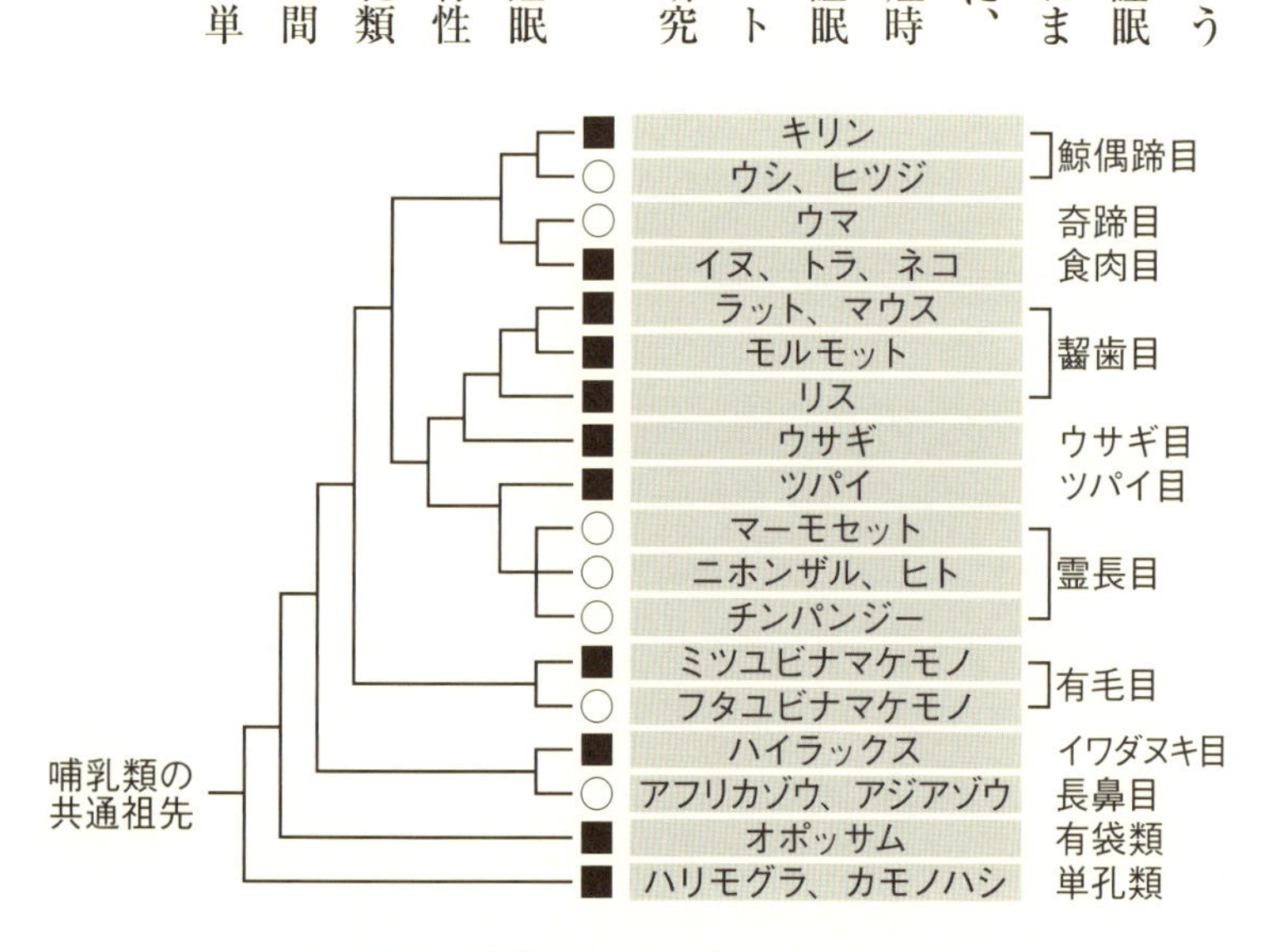

図2-8 哺乳類の睡眠パターンの進化

■は多相睡眠、○は単相睡眠を示す。
Capellini et al., Funct. Ecol. (2008), Fig. 2より作成

第3章

鳥類の眠り

3-1 鳥類の分類

鳥類の分類と特徴

鳥類（鳥綱）の現生種は約8600種とされ（『岩波　生物学辞典』）、哺乳類の種の約2倍であり、脊椎動物の中では魚類についで2番目に多い種（約2割）を含みます。体の構造を見ると、爬虫類との共通性が高いのですが、前肢が変化した羽毛のある翼をもち、多くの種が、空を飛ぶことが大きな特徴です。

肺で呼吸しますが、その附属器官である気嚢が発達していて、その一部は骨の内部に入りこんでいます。骨は中空で体を軽量化しつつも、強度があります。心臓は哺乳類と同じく2心房2心室をもち、体温を一定に保つ恒温で、一般に40～41℃と全生物中最も体温が高い動物です。

図3-1に、最近の系統分類と鳥の例を示します（『新図説　動物の起源と進化』、『岩波　生物学辞典』による）。種の多さを反映して、目またはそれに相当する30あまりのグループに分けられています。一番下のスズメ目の種が最も多いとされています。生

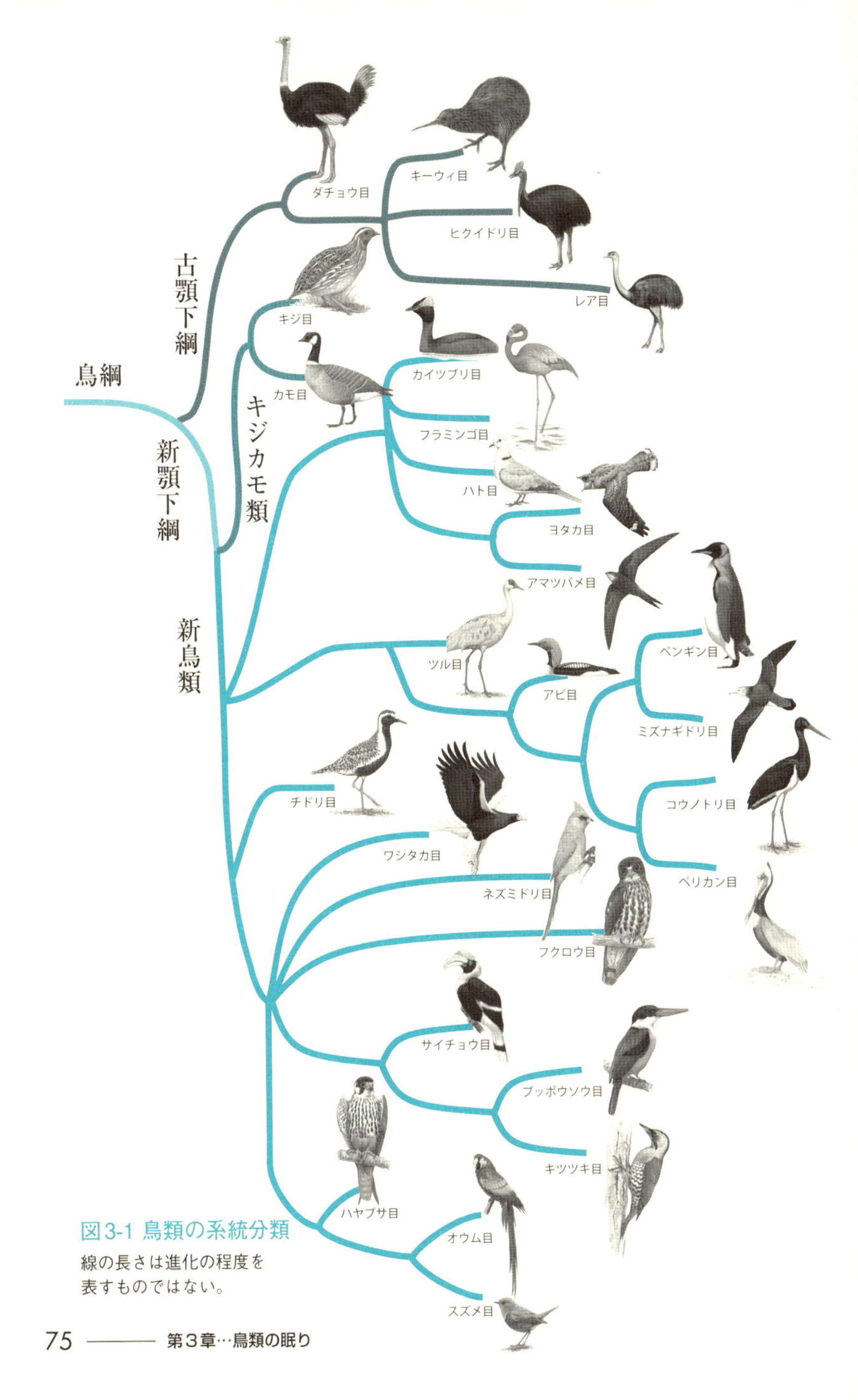

図3-1 鳥類の系統分類

線の長さは進化の程度を
表すものではない。

物の眠りをテーマとする本書では、これらの分類群の名前や系統樹を頭に入れる必要はありませんが、哺乳類と同様に多様な種がいることを知ってください。

こうした最新の分類をもとにした系統樹とは少し異なりますが、鳥類には、一般的にまとめた呼び名もよく使われます。鳴く小鳥のことを鳴禽類といい、これにはスズメ目の多くが含まれています。ハヤブサ、オオワシなど、肉食の鳥のことを猛禽類と呼び、ときにはモズなどスズメ目の肉食の鳥を含むことがあります。ウミネコ、カイツブリ、カモなど水辺に暮らす鳥は水鳥と呼ばれます。

タンチョウなどの大型の鳥、ダチョウなどの飛べない鳥、トキのような絶滅のおそれのある鳥、極寒の南極で生活するペンギン、それに食肉や羽毛をとるため、または愛玩用としてヒトに飼育されているニワトリのような家禽など、鳥類は生活も形態もさまざまであることがわかります。

3-2 鳥の眠りの姿

鳥類の寝姿

　鳥たちの寝姿の例を紹介しましょう。ツバメは、尾を巣の外に出して寝ていることがあります。この形で寝るのは、多くの鳥は寝ている間にも糞をするので、糞で巣を汚さないためと考えられます。ツバメは町中に巣を作るので、大きく成長したツバメの子供たちが、揃って巣から尾を外に出して寝る姿を観察することができるかもしれません。

　ハマシギは、安全な陸地や浜辺で群れを作り、1本脚で立ったまま寝たり、伏せた姿勢で寝たりします。1本脚で立って眠るのは、

巣の中で眠るツバメ

片方の脚を羽毛の中に入れることで、熱の損失が少ないためと考えられています。水の中で寝るのも、群れで寝るのも外敵に襲われにくいためでしょう。

釧路湿原などで見られるツルのなかま、タンチョウは、1年中日本で暮らしている留鳥で、厳しい冬も北海道で過ごします。釧路の真冬の最低気温は零下15℃くらいであり、夜は15時間もありますが、その間大部分は寝ているようです。よく見られるのは、くちばしを羽の中に差し込んで寝ている姿です。ツルも1本脚で立っている姿をよく観察できます。

カモのなかまなど水鳥は、水に浮かんだ状態で眠っている姿が見られます。やはりくちばしを羽に埋めて寝ていることが多いようです。くちばしを翼と体の間に差し込んで眠るのも、羽

ハマシギの寝姿

毛に覆われておらず、むき出しのくちばしから熱が逃げるのを防いでいると考えられています。

タンチョウの寝姿

カモのなかま、キンクロハジロの寝姿

3-3 睡眠パターンの例

レム睡眠とノンレム睡眠

鳥類の脳の構造は全体的に哺乳類のものに似ていて、それを反映してレム睡眠を含む睡眠のパターンも近いとされています。しかし、鳥の種類によって違いもあります。たとえば多くの鳴く鳥（鳴禽類）では、レム睡眠の割合が高いことが知られていましたが、特定の鳥の睡眠パターンについての詳しい研究はあまり知られていませんでした。

そのような状況を背景として比較的最近（2008年）に発表された、鳴禽類の1

キンカチョウ

つ、スズメ目のキンカチョウ(zebra finch)についての研究を紹介しましょう(Low et al., Proc. Natl. Acad. Sci. USA, 2008)。図3-2はこの鳥の脳波のパターンを示しています。aは哺乳類ノンレム睡眠の第3、第4相に相当する徐波睡眠(Slow Wave Sleep, SWS)、bはレム睡眠、eは覚醒状態、をそれぞれ表しています。このほかに、ここでは紹介していませんが、SWSとレム睡眠の中間状態(哺乳類ノンレム睡眠の第1、第2相)に相当する中間睡眠

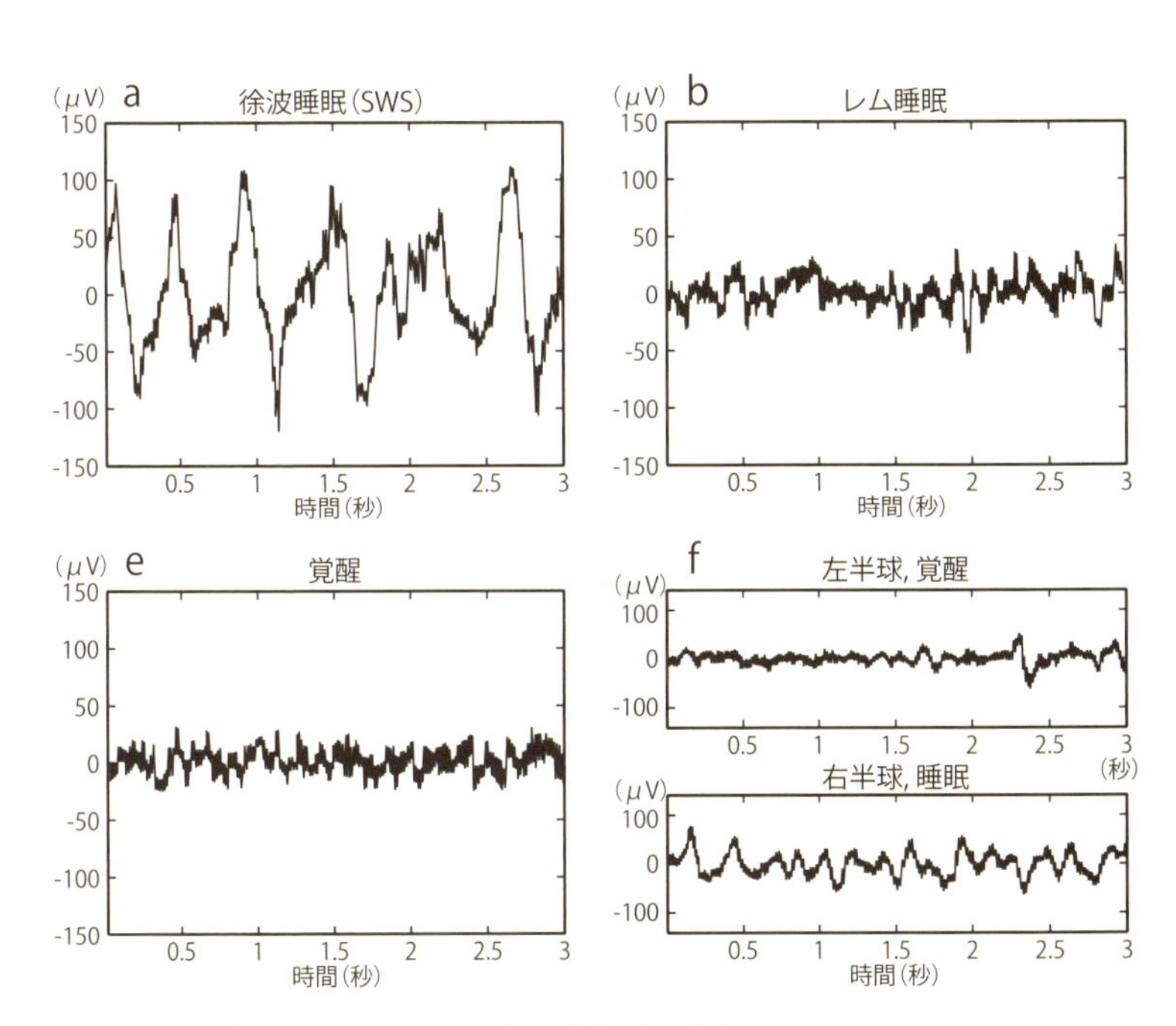

図3-2 キンカチョウの睡眠時の脳波のパターン

a. 徐波睡眠、b. レム睡眠、e. 覚醒状態、f. 半球睡眠:
上、左脳(覚醒状態)、下、右脳(徐波睡眠)。
Low et al., (2008), Fig. 2より作成

（IS）、ノンレム睡眠中にしばしば現われるk複合波が論文では紹介されています。fは半球睡眠の例で、左脳が覚醒状態を、右脳がノンレム睡眠（SWS）を示しています。

図3−3のa、bは、睡眠中における徐波睡眠（SWS）とレム睡眠の割合の継時変化を示し、睡眠の後半ではレム睡眠が約30％を占め、SWSと同じくらい多いことがわかります。夜半におけるレム睡眠の増加は、1回のレム睡眠の時間の増加（c）とレム睡眠間の間隔の減少（d、縦軸の単位はいずれも秒）に対応していま

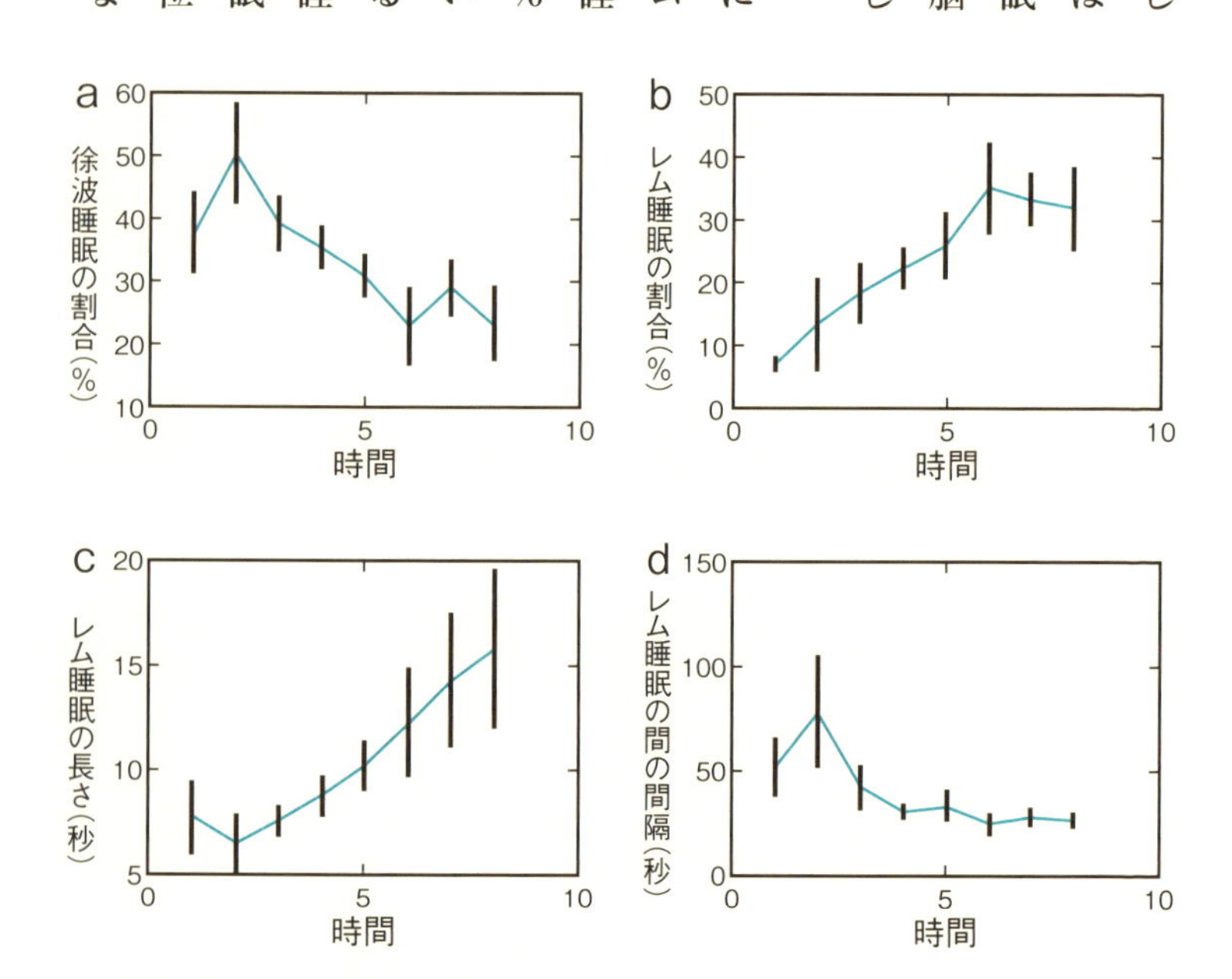

図3-3 キンカチョウの睡眠

睡眠中における徐波睡眠とレム睡眠の割合の経時変化（a）（b）、およびレム睡眠の1回の時間の長さ（c）とレム睡眠の間の間隔の経時変化（d）。
Low et al., (2008), Fig. 4より作成

す。キンカチョウの睡眠中の脳波のパターンは哺乳類のものとよく似ていますが、この論文では、キンカチョウの睡眠は半球睡眠があること、レム睡眠の割合が高いこと、という2つの違いがあると結論しています。

渡り鳥の眠り

ここで紹介するもう1つの研究の具体例は、渡り鳥の渡りに関連するものです（Rattenborg et al., PLOS Biology, 2004）。この研究で使われた鳥ミヤマシトド（white-crowned sparrow）は、夏を過ごすアラスカ（北緯65度）または冬を過ごすカリフォルニア州サクラメント渓谷（北緯39度）で捕獲されたもので、野生においてはこの間の数千キロを渡る渡り鳥です。

この鳥は通常は昼行性ですが、渡りは主に夜間に行うことが知られています。この研究のデータはすべて、捕獲した鳥をかごの中で飼育してとられたも

ミヤマシトド

のですが、図3–4のように、かごの中でも夜間の活動量（黒色の線）が春と秋の渡りの時期に大きく増加していることが見て取れ、これは渡りに対応していると考えられます。

図3–5のAは、正常期（上、8月）と渡りの時期（下、10月）の睡眠・覚醒のパターンの1日の経時変化を比較したものですが、夜間（18〜6時）後半の睡眠量が渡りの時期になると約3分の1に著しく減少していることがわかります。Bは、睡眠（SWS）の開始までの時間には両方の季節で有意差が見られませんが、眠りの開始からレム睡眠の開始までの時間が渡りの時期に有意に減少していることを示しています。（C）は、これらの結果を数値として示しています。

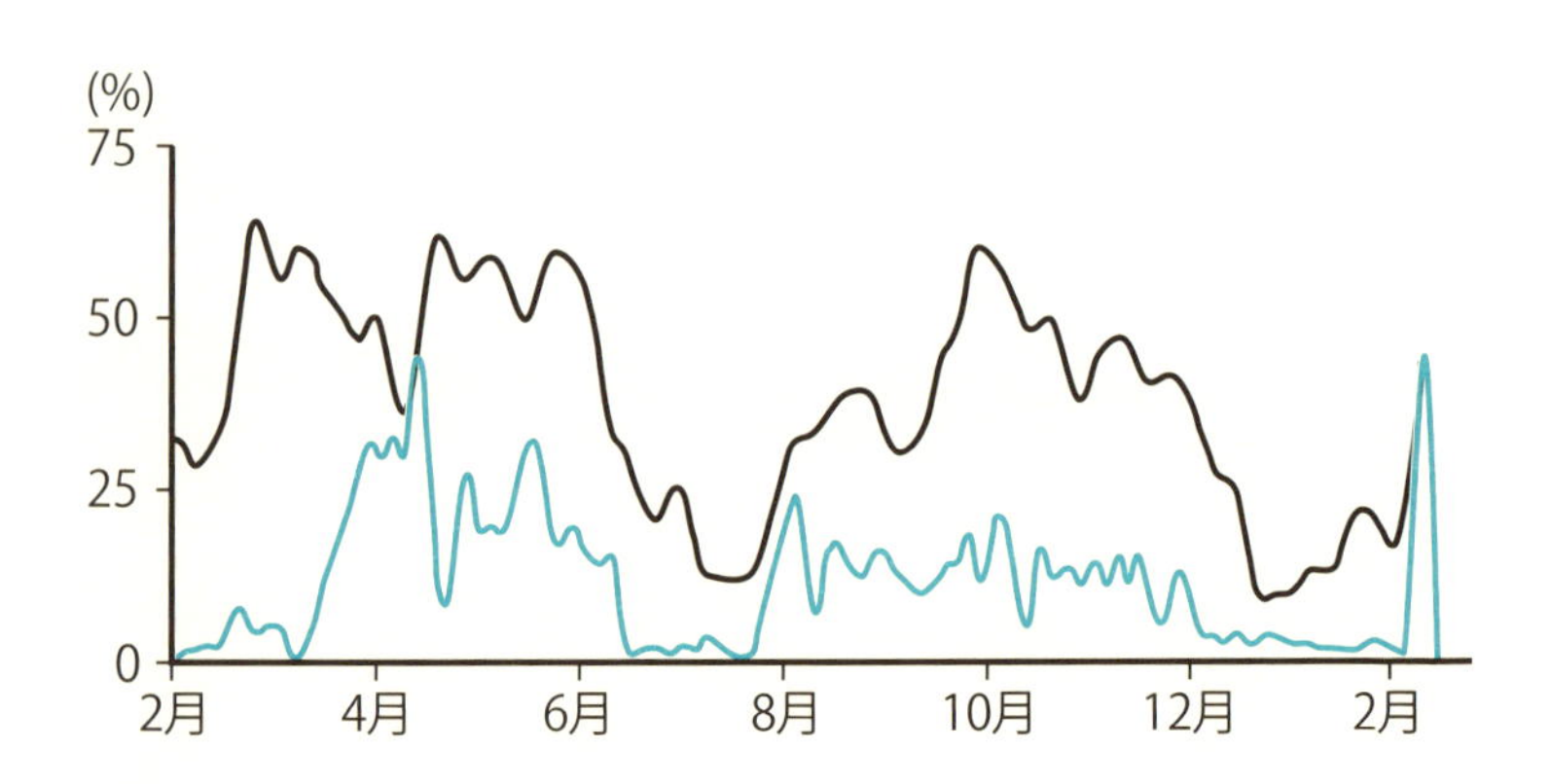

図3-4 ミヤマシトドが30秒間に赤外線センサーを横切る割合

夜間の活動量（黒線）が春と秋の渡りの時期に大きく増加している。緑線は昼間の活動量。
Rattenborg et al., PLOS Biology (2004)より作成

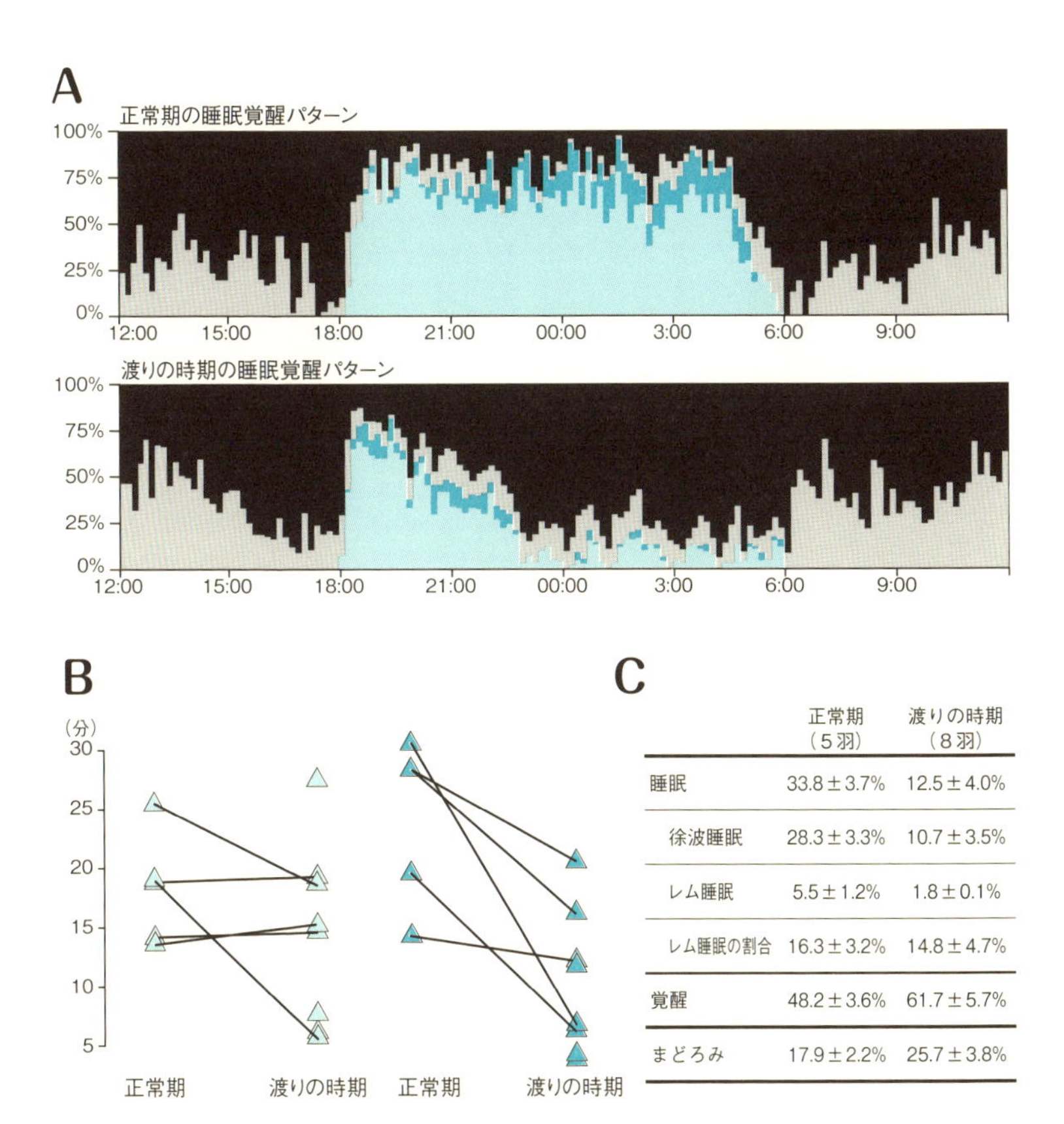

	正常期（5羽）	渡りの時期（8羽）
睡眠	33.8±3.7%	12.5±4.0%
徐波睡眠	28.3±3.3%	10.7±3.5%
レム睡眠	5.5±1.2%	1.8±0.1%
レム睡眠の割合	16.3±3.2%	14.8±4.7%
覚醒	48.2±3.6%	61.7±5.7%
まどろみ	17.9±2.2%	25.7±3.8%

図3-5 ミヤマシトドの正常期と渡りの時期の睡眠の違い

A：正常期（上、8月）と渡りの時期（下、10月）の睡眠・覚醒のパターンの1日の継時変化。灰色は徐波睡眠（SWS）、濃い緑はレム睡眠、薄い緑はまどろみ状態の割合を示す。
B：左は夜の開始から睡眠（SWS）の開始までの時間。右は眠りの開始からレム睡眠の開始までの時間。それぞれ正常期（5羽）と渡りの時期（8羽）を比較した。
C：Aの図を数値としてまとめた表。レム睡眠の割合は、全睡眠時間に対するレム睡眠の割合。
Rattenborg et al., PLOS Biology (2004) より作成

渡りのきっかけ

この研究は、鳥の重要な特性の1つである渡りの行動が、捕獲されたかごの中でも再現されるという興味ある結果を示しています。鳥類は渡りの時期を何によって知るのでしょうか。本来、この実験は実際の渡りをしている鳥で確認し、結果を求めるのが望ましいのですが、実際に脳波の変化まで調べるのは現在の技術では難しいでしょう。

なお、鳥の渡りについてはオリーブチャツグミという鳥に標識をつけ、約1500キロについて、渡りを車で追跡した研究があります。この報告では、渡りの方角の変化を調べ、渡りの方角が基本的に地磁気によって決められ、太陽光によって補正されると報告されています

オリーブチャツグミ

(Cochran, Anim. Behav., 1987; Cochran et al., Science, 2004)。また、ヨーロッパアマツバメなどのアマツバメ類は夜間にも飛行を続けますが、この時飛びながら眠ることがあるといいます(『眠りを科学する』)。

鳥の眠りの特徴

鳥類の睡眠パターン

先に述べた具体例も含めて、いろいろな鳥の睡眠の特徴を表3－1にまとめています。ウズラについては、夜が短い季節には昼間も夜と同じくらいの長い時間眠り、全睡眠時間（TST）は、夜が長い季節とほぼ同じであることを示しています。これが、ほかの鳥にも当てはまるかどうかはわかっていません。カササギについては、成鳥は樹上で寝るため、筋肉の弛緩を伴うレム睡眠が非常に少なく、幼鳥では成鳥よりずっと長いことが示されています。

コウテイペンギンは冬、厳寒の南極大陸で繁殖しますが、その時はオスだけが抱卵からひなの面倒までを担っていて、その間ほぼ絶食状態となります。表の結果はこれと関連すると考えられます。ジュズカケバトやカモメの結果は、寝ている状態で外敵に襲われる危険性に関連すると考えられるでしょう。

鳥類全体としては、脳波を含めて哺乳類の睡眠パターンによく似ていますが、レム睡眠時に、哺乳類のレム睡眠に特徴的な早い眼球運動（Rapid Eye Movement）そのものは必ずしも見られないようです（『動物たちはなぜ眠るのか』）。鳥類の眠りの特徴は、睡眠が極めて断片的であること、レム睡眠は一般には少ないものの、キンカチョウなどではかなり多いこと、海上を飛び続けるカモメやアホウドリでは半球睡眠などの飛びながらの眠りがあること、渡り鳥については渡りの時期に睡眠パターンに大きな変化が起こること、などでしょう。

表3-1　各種の鳥の睡眠の特徴

種	調査の条件	特　徴	文献または研究者
9種類または11種類の平均		レム睡眠は全体の2.3%（少ない）、1回の長さは144秒。ノンレム睡眠は37%、1回の長さ8.9秒（短い）。睡眠は極めて断片的。	Amlander & Ball(1994)、(1)
ウズラ（キジ目）	実験室中	[A] L：D=8：16　眠りはLで2.0時間（25%）、Dで13.8時間（86%） [B] L：D=16：8　眠りはLで8.0時間（51%）、Dで7.0時間（88%） TSTは[A]で15.8時間、[B]で15.0時間	(1)
カササギ（スズメ目）	おそらく実験室中	生後24～25日の幼鳥では、TST=11.2時間のうち、レム睡眠8.7分（1.3%、成鳥の15倍）。親鳥は樹上で寝るのでレム睡眠は極端に少ない。	(1)
マガモ（ガンカモ目）	おそらく実験室中	ひなのTSTは12.7時間、レム睡眠は1.7時間。	(1)
コウテイペンギン（ペンギン目）	?	絶食状態では覚醒時間が半減して1日の1/4になり、ノンレム睡眠が1日の半分以上になる。レム睡眠は通常の6%から半減する（厳寒の越冬時にエネルギー消費を減らすため）。	(1)
ハマシギ（チドリ目）	自然条件	水辺で、1本脚で立ったまま眠る（78ページ）。	(1)
タンチョウ（ツル目）	自然条件（釧路湿原）	－16℃、L：D=9：16になる冬の夜は、ずっと立ったまま眠るらしい（79ページ）。	(1)
ジュズカケバト（ハト目）	?	まばたきの回数が、1羽で寝る時の方が、6羽の時よりずっと多い。	(1)
オオハクチョウ（ガンカモ目）	?	夜間の60～80%眠る。	(1)
カモメ（チドリ目）	?	1回の睡眠時間は、黒っぽいカモメの方が白っぽいカモメより長い。海上を飛び続ける時には半球睡眠をし、レム睡眠がない。	(1)、(2)
キンカチョウ（スズメ目）	実験室中	レム睡眠があり、全体として哺乳類の睡眠に類似しているが、レム睡眠が多いのが特徴である（図3-2、3-3）。	Low et al.,(2008)
ミヤマシトド（スズメ目）	実験室中	昼行性であるが、本来の渡りの時期（10月と5～6月）には夜間活動的。睡眠時間が1/3に減り、パターンも変化する（図3-4、3-5）。 脳波についてはL：D=12：12、身体活動についてはL：D=9.5：14.5～16.5：7.5の条件を設定した。	Rattenborg et al.,(2004)

注：L=明るい時間帯（昼間に相当）、D=暗い時間帯（夜に相当）、TST=全睡眠時間を指す。
文献（1）『動物たちはなぜ眠るのか』、（2）『眠りを科学する』。

第4章

爬虫類・両生類の眠り

爬虫類・両生類について

爬虫類の分類と進化

爬虫類は、古生代の石炭紀に両生類の一部から進化したとされています。中生代においで、陸上、水中、空中といったすべての空間に進出し、著しく適応放散しました。大型にもなった恐竜などを含めて非常に栄えましたが、中生代末期に急激に衰退しました。現生種の大部分はワニ類、カメ類、トカゲ類、ヘビ類の4つのグループに分類されていて、約6600種がいるとされ、この数は哺乳類と鳥類の種数の中間くらいの数です。

体は、体表に羽毛がなく、表皮が変形した角質の鱗で覆われています。変温性で、一生肺呼吸を行い、2心房2心室をもちますが、心室間の中隔は不完全です。一般に卵生ですが、卵胎生のものも多く見られます（『岩波　生物学辞典』）。

両生類の分類と進化

両生類（両棲類）は古生代デボン紀に出現し、古生代後期に最も栄えましたが、現生種は、無尾目、有尾目、無足目の3グループのみで、約4600種が生息していると考えられています。幼生は一般に水中で生活し、少なくともその初期には鰓呼吸をします。成体は四肢をもち、体表には鱗や毛がなく、細胞が露出しています。骨格の骨化は不完全で、一般に肺呼吸します。心臓は2心房1心室で、変温性の動物です（『岩波　生物学辞典』）。

図4-1は、魚類以外の脊椎動物（四肢動物）の進化系統樹を爬虫類・両生類を中心として示しました（『新図説　動物の起源と進化』より作成）。四肢動物の中では、両生類以外のグループはすべて羊膜類に属しています。卵が羊膜で保護されていて、羊膜の中は羊水で満たされているので、卵や胚が陸上でも生存することができます。つまり、羊膜の存在こそが、陸上での暮らしを可能としているのです。

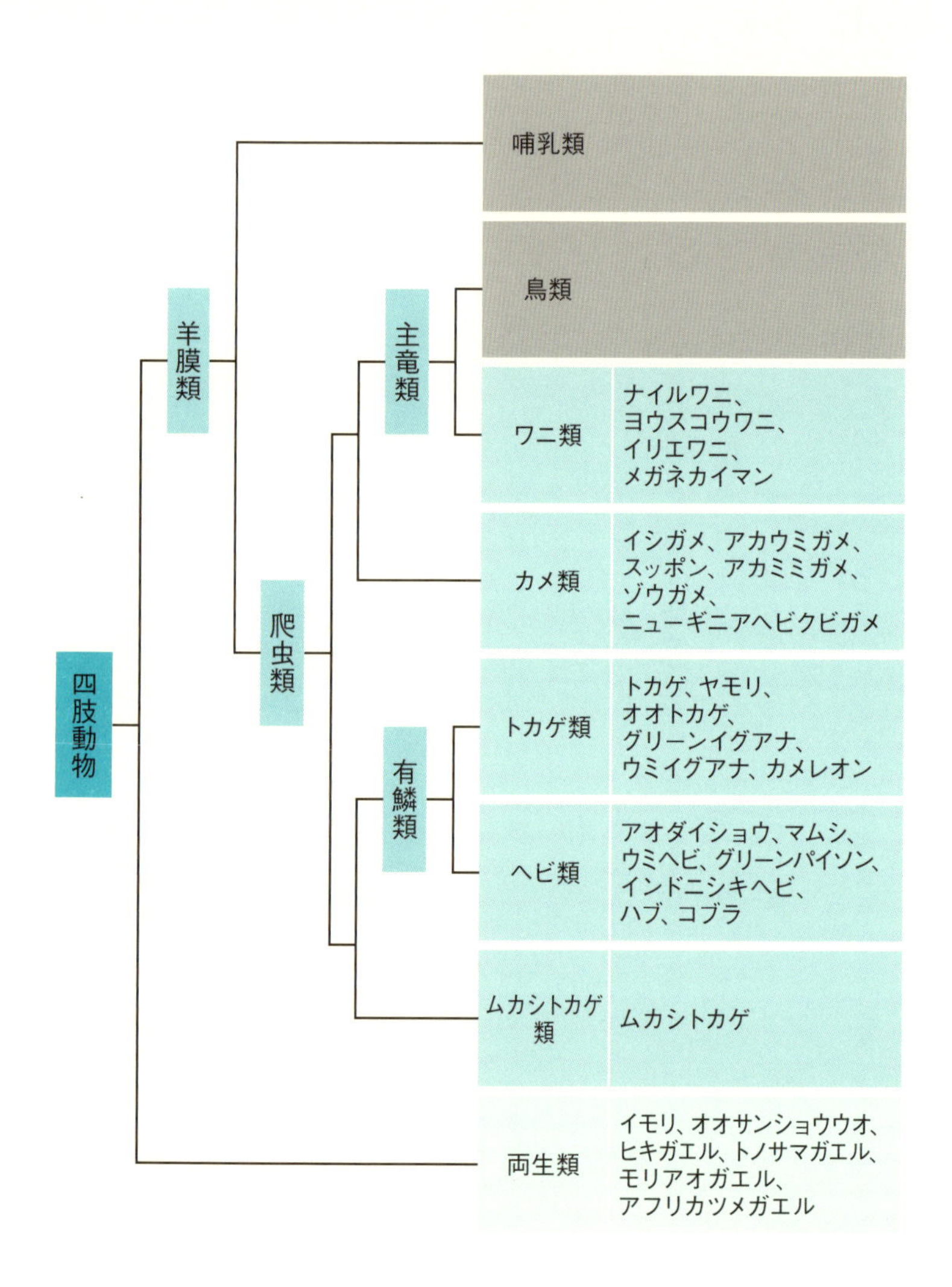

図4-1 爬虫類、両生類を中心とした四肢動物の進化系統樹

爬虫類の分類グループは濃い緑色で示した。
『新図説　動物の起源と進化』より作成

4-2 眠りの姿──変温動物も眠る

どのような姿で眠るのか

爬虫類、両生類の寝姿を紹介します。ワニやトカゲは腹ばいになって寝ます。東南アジア、オーストラリア北部に暮らす世界最大のワニ、イリエワニは、強力な捕食者で、とくに襲ってくる敵もいないためか、川辺で完全に筋肉を弛緩させ、無防備に深い眠りにあるようです。鳥などから襲われる危険性のある小型のトカゲは岩陰などに隠れて眠ります。

両生類では、アフリカ南部のフクラガエルの寝姿を紹介します。このカエルは地中性で、生活や繁殖に水を必要とする両生類ではあるので

イリエワニの寝姿

すが、乾燥地帯に暮らしている珍しいカエルです。

長い乾季の間は地中に潜り、体のまわりに体表からの分泌物でできた膜を作って乾燥に耐えられるようになります。長いと数か月にわたって地中から出てきません。雨の後や、夜になると地中から出てきて昆虫などを捕食します。

地中で眠るアメフクラガエル

4-3 睡眠のパターンとその特徴

グリーンイグアナの睡眠

爬虫類・両生類の睡眠についての比較的新しく、詳しい研究の論文に、トカゲ類のグリーンイグアナ（*Iguana iguana*）についてのものがあるので、その内容を紹介します（Ayala-Guerrero & Mexicano, Comp. Biochem. Physiol., 2008）。

このイグアナでは、活動覚醒（AW、26％）、安静覚醒（QW、22％）、安静睡眠（QSまたはSWS、50％）、活動睡眠（AS、0・5％）の4つの状態が確認されています。眼球運動はAW、QWで起こり、QSで消え、ASで復活することがわかっています。図4-2は、活動睡眠（AS）を含む睡

グリーンイグアナ

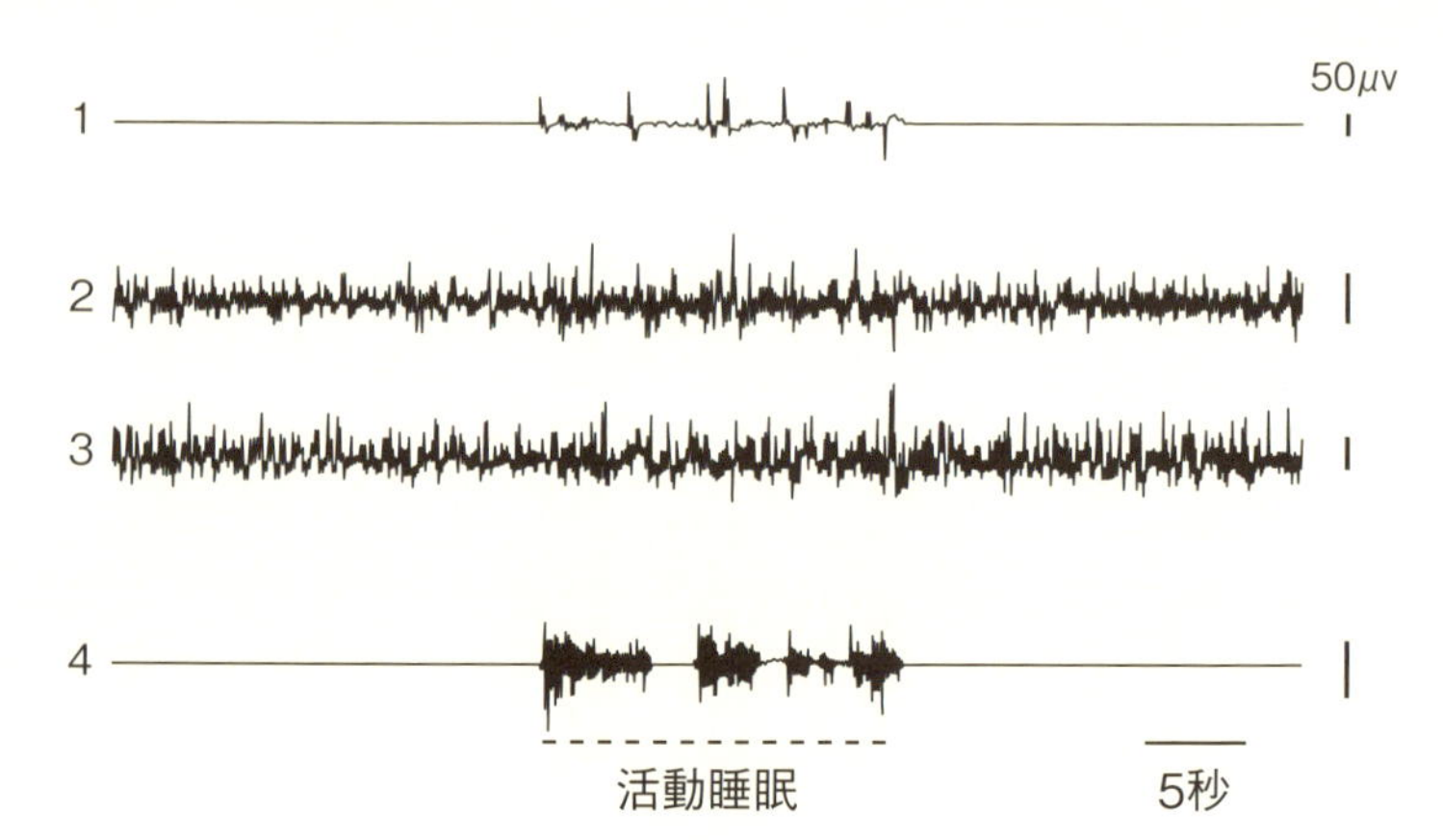

図4-2 グリーンイグアナの睡眠時の状態

Ayala-Guerrero & Mexicano (2008), Fig. 5より作成

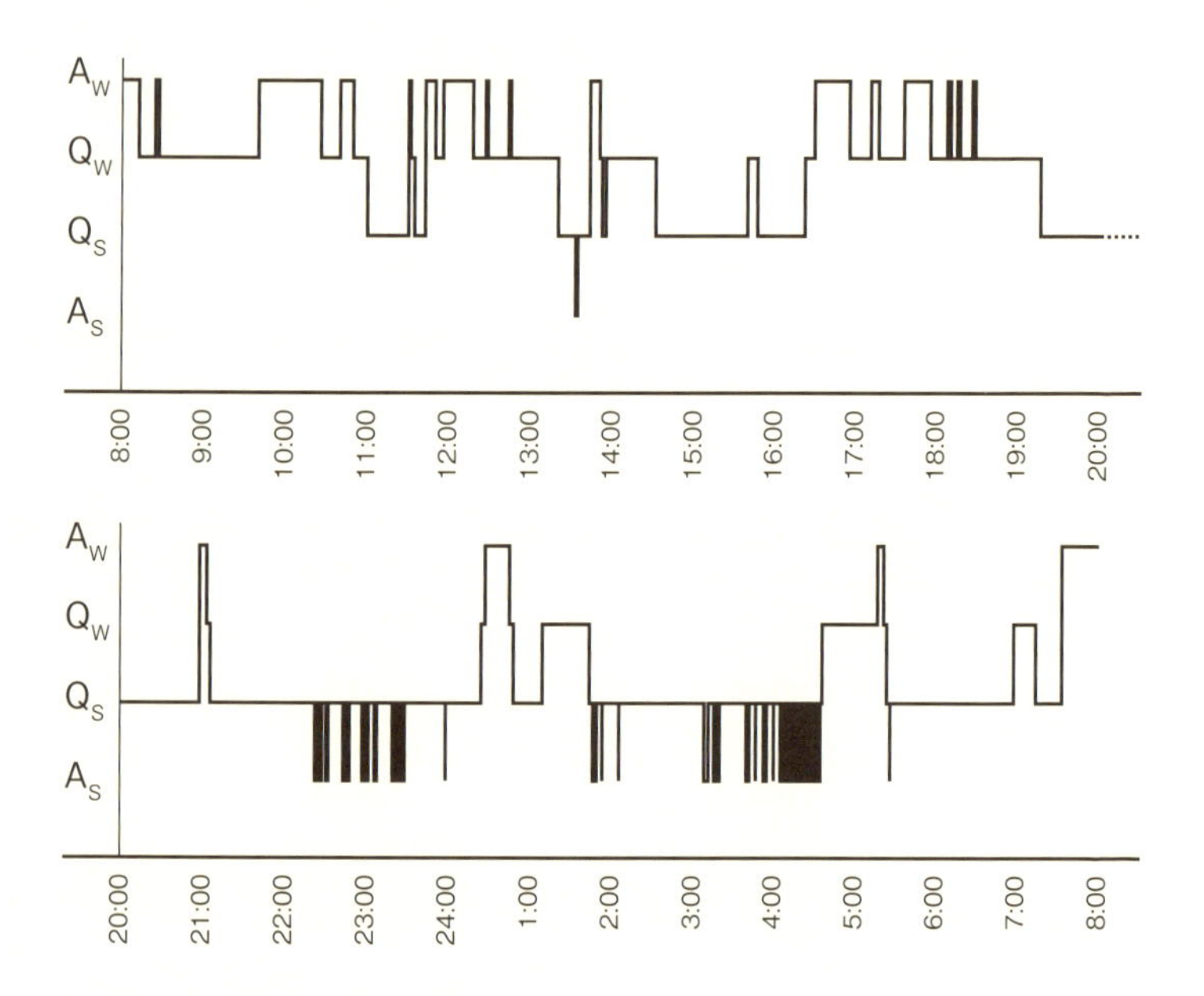

図4-3 グリーンイグアナ1個体の24時間の睡眠パターン

A_W：活動覚醒、Q_W：安静覚醒、Q_S：安静睡眠、A_S：活動睡眠。
Ayala-Guerrero & Mexicano (2008), Fig. 6より作成

眠中の眼球運動（1）、左右終脳の脳波（2、3）および筋電図（4）を示し、行動的にはASがレム睡眠に似ています。図4-3は、1個体の24時間の睡眠・覚醒のパターンを示しています。1日に睡眠は多数回訪れますが、夜の20時から朝8時の間に集中する傾向が見られます。ASは平均20秒あまりと短くなります。QS、ASは、行動的には哺乳類の徐波睡眠、レム睡眠に似ていると結論しています。

サバクイグアナの場合

これと似たトカゲ類のサバクイグアナについての研究が『動物たちはなぜ眠るのか』に紹介されていますが、結果はよ

サバクイグアナ

く似ています。サバクイグアナでは、活動覚醒、休息覚醒、行動睡眠、逆説睡眠の4つの状態が見られます。行動睡眠、逆説睡眠は、哺乳類のノンレム睡眠、レム睡眠と似ていますが、脳波のパターンは大きく異なっています。逆説睡眠（長さ20〜50秒）では、筋肉は弛緩し、心拍は不規則になり、呼吸が停止します。また、睡眠量は気温が高いほど減りますが、気温20℃では夜の95％、昼の12％の時間が睡眠に当てられるといいます。

爬虫類の眠り

爬虫類の睡眠の特徴を、先に述べたものも含めて、表4−1の上半分にまとめています。爬虫類の睡眠は、ヒトや哺乳類一般のものと似た点もありますが、脳波のパターンがかなり異なり、また睡眠のタイプに応じたはっきりした変化を示さないとされています。脊椎動物の睡眠パターンの中で、哺乳類・鳥類のもの（真睡眠）と魚類の原始睡眠の中間的睡眠であると述べられています（『動物たちはなぜ眠るのか』）。

両生類の眠り

表4−1の下半分に、両生類についても、知られているいくつかの例をまとめてい

ます。この中で最も詳しい結果が示されているセイブヒキガエルについては、活動覚醒、安静覚醒、休息ないし睡眠の3つの状態を行動的に判別できます。しかし、それぞれに特徴的な脳波は判別されず、覚醒水準が低いほど、脳波の電圧と周波数、心拍数、呼吸数、筋肉の緊張が下がるという違いがあります。休息時間は明るい時間帯が87%、暗い時間帯が24%で、夜行性であることがわかります。両生類の睡眠については、全体的に、爬虫類の睡眠よりもさらに哺乳類のものとの違いが大きく、より原始的といえるでしょう。

セイブヒキガエル

表4-1　爬虫類・両生類の睡眠の例と特徴

種	調査の条件	睡眠の特徴	研究者または文献
イリエワニ（ワニ類）	自然条件（川辺）	95ページのイラスト：深い眠りの状態。まぶたを閉じ、筋肉が弛緩している。	（1）
カイマン、ミシシッピーワニ（ワニ類）	実験室中	寝相に4種類が区別でき、それらに対応する脳波が検出される。脳波に高電圧の棘波があり、その電圧や出現回数が変化する。	（1）
イシガメ、クサガメ（カメ類）	実験室中	行動・脳波等により、睡眠・覚醒状態を6種類に区別できる（休息2種類、覚醒3種類、中間1種類）。活動レベルが低いほど、棘波の回数が増え、心拍数が減る。	（1）
ニジトカゲ（トカゲ類）	自然条件（熱帯アフリカ）	昼間はオスがハーレムを作り、オス同士が激しく攻撃しあうが、夜には密集して寝る。昼夜で体色が変わる。	（1）
サバクイグアナ（トカゲ類）	実験室中？	活動覚醒、休息覚醒、行動睡眠、逆説睡眠の4つの状態がある。行動睡眠、逆説睡眠は、哺乳類のノンレム睡眠、レム睡眠と似ているが、脳波のパターンは大きく異なる。逆説睡眠（長さ20～50秒）では、筋肉は弛緩し、心拍は不規則になり、呼吸が停止する。睡眠量は気温が高いほど減る。	A. C. Huntley (1987)、（1）
グリーンイグアナ（トカゲ類）	実験室中、10匹の成体を使用	活動覚醒（AW）、安静覚醒（QW）、安静睡眠（QS）、活動睡眠（AS）の4状態がある。眼球運動はAW、QWで起こり、QSで消え、ASで復活する。睡眠は多数回に分かれ、ASは平均20秒あまりと短い。QS、ASは、行動的には哺乳類の徐波睡眠、レム睡眠に似ている（97ページのイラスト、図4-2、4-3）。	Ayala-Guerrero & Mexicano (2008)
ヒキガエル（両生類、無尾目）	自然条件（ナイジェリア）	昼間は地面の穴の中で休息あるいは睡眠をとり、夜間這い出して虫を捕食する。	（1）
アマガエル、ウシガエル（両生類、無尾目）	実験室中？	眠りに特徴的な脳波の変化は検出されなかった。	J.A. Hobson (1967)、（1）
セイブヒキガエル（両生類、無尾目）	実験室中	活動覚醒、安静覚醒、休息ないし睡眠の3つの状態を行動的に判別できる。覚醒水準が低いほど、脳波の電圧と周波数、心拍数、呼吸数、筋肉の緊張が下がる。休息時間は明期の87%、暗期の24%（夜行性）。	A. C. Huntley (1987)、（1）
トラフサンショウウオ（両生類、有尾目）	実験室中	昼夜ともに、4時間周期の活動と休息のリズムがある。覚醒水準が低いほど、脳波の電圧と周波数が下がる。	D. A. McGinty (1972)、（1）

注：文献（1）『動物たちはなぜ眠るのか』。

第5章

魚類の眠り

5-1 魚類について

魚類の分類

魚類の大まかな系統分類と代表的な魚の例を図5−1に示しています（『岩波　生物学辞典』に基づく）。魚類の種の総数は2万種以上で、脊椎動物の約半数を占める最大のグループです。その意味でも、また動物の進化全体を考える上でも、このグループの系統樹は重要であるといえます。

現生種としては、原始的な段階にあるといえる無顎動物類が約90種と非常に少なく、サメやエイなどの軟骨魚類は約900種、そして硬骨魚類が2万1000種以上とほとんどすべてを占め、現在最も繁栄しています。これら3つのグループが、広い意味での魚類の三大グループとされていますが、最近では、軟骨魚類、硬骨魚類の2つの有顎動物下門のグループ（魚形類とも呼ばれる）のみを魚とみなす説もあります（『岩波　生物学辞典』）。

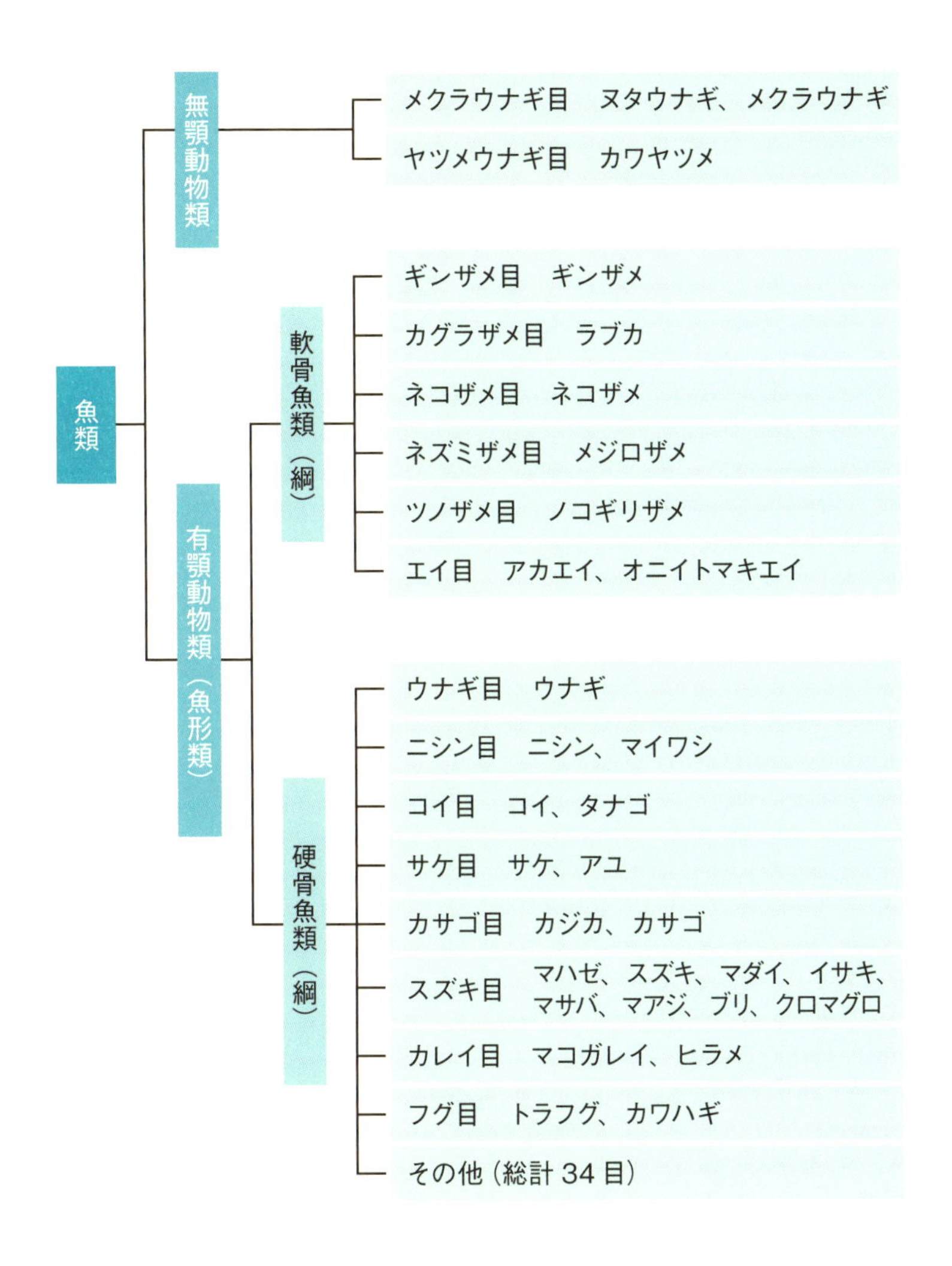

図5-1 魚類のおおまかな系統図

『岩波　生物学辞典』より作成

魚類の進化

顎を獲得していない、原始的な魚類である無顎類は、古生代カンブリア紀に生まれたとされています。その後大いに発展しましたが、古生代デボン紀にほとんどの種が絶滅し、現生種としてはヤツメウナギ、ヌタウナギなど数種が残っているのみです。これらの魚類は、名前にウナギとつき、細長い体型ではあるものの、ウナギとは遠縁の分類群です。

鱗をもたず、やすり状の歯（角質歯）をもちます。腸と排出器（中腎または前腎）をもちますが、心臓には動脈球、心臓球がなく、脾臓、胆嚢、浮き袋（鰾）をもちません。体液は硬骨魚類と同じである海水と淡水の中間か、または海水と等張です。

軟骨魚類は、サメやエイのなかまで、古生代デボン紀から繁栄して現在に至ります。骨格、頭蓋とも軟骨から

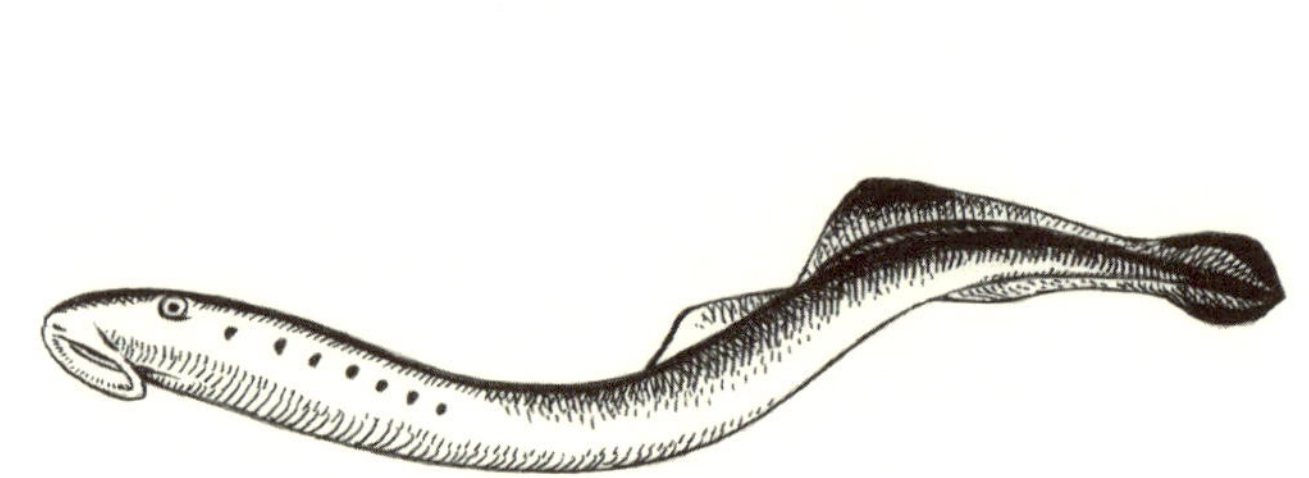

ヤツメウナギ

できています。4対以上の鰓で呼吸をしますが、肺に類する器官や浮き袋はもっていません。体液の浸透圧は海水よりも高く、ほとんどの種は海で暮らしていて、捕食性です。卵は一般に大型とされています。

現在の魚類で最も繁栄している硬骨魚類は、汽水域（海水と淡水の混じるところ）に起源をもつとされています。古生代デボン紀から繁栄を始め、現在最も発展し、世界中の海水域、淡水域で見られ、非常に多くの数の種を誇っています。

呼吸は鰓蓋のある鰓（全鰓）で行い、浮き袋または肺をもっています。一般にアンモニアを排出します。成体の排出器は中腎で、卵は一般に小さいものが多く、体液の浸透圧は、四肢動物と同様に海水と淡水の中間程度です。

図5-1にあるように、計34の目に分類されて

ネコザメ

いますが、スズキ目が最大のグループで、全体の約3分の1（約8000種）を占めます。スズキ目は多様で、マグロのような、大型で主に外洋を遊泳して暮らす魚から、海底や川底近くで暮らす、底生性のハゼのようなものまで多種多様です。サバ、アジ、タイ、ブリのような漁業上重要とされる魚も、その多くがスズキ目に含まれています。

その他のグループで食品として重要なのは、ウナギ目、イワシ、ニシンなどのニシン目、サケ目、カレイ、ヒラメなどのカレイ目でしょう。

魚類は水中に棲むことがすべての種に共通していますが、その形や生態は非常に多様です。ヨウジウオ目の硬骨魚類タツノオトシゴのように、一見、魚とは思えない姿のものも見られます。

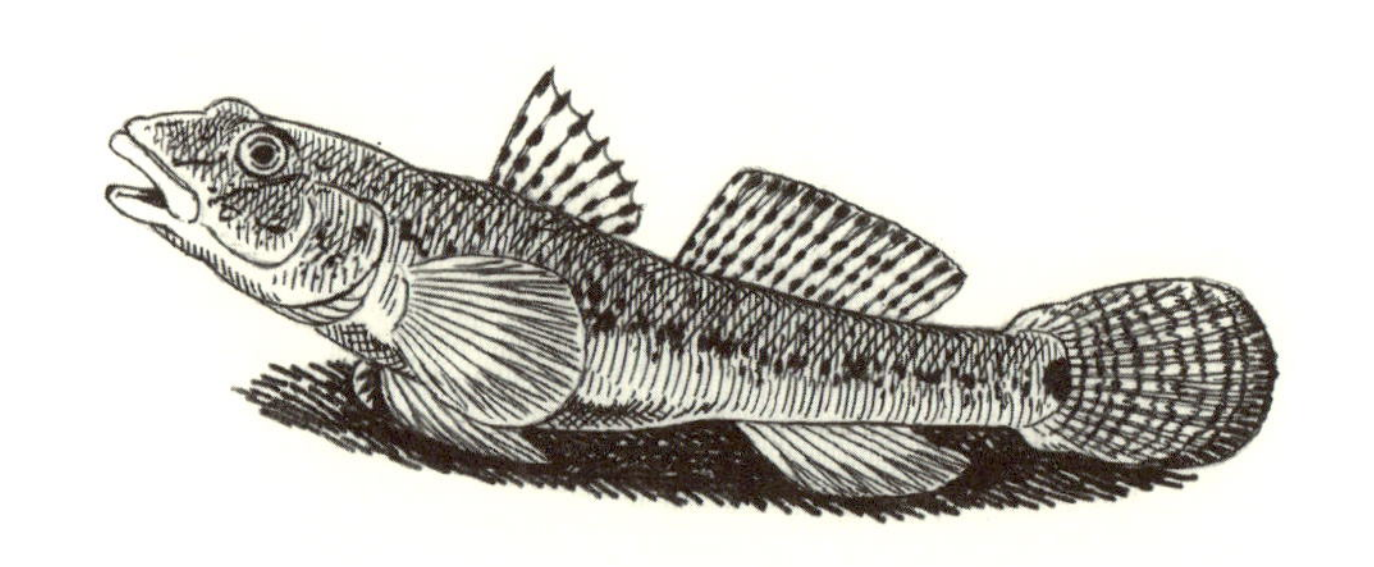

マハゼ

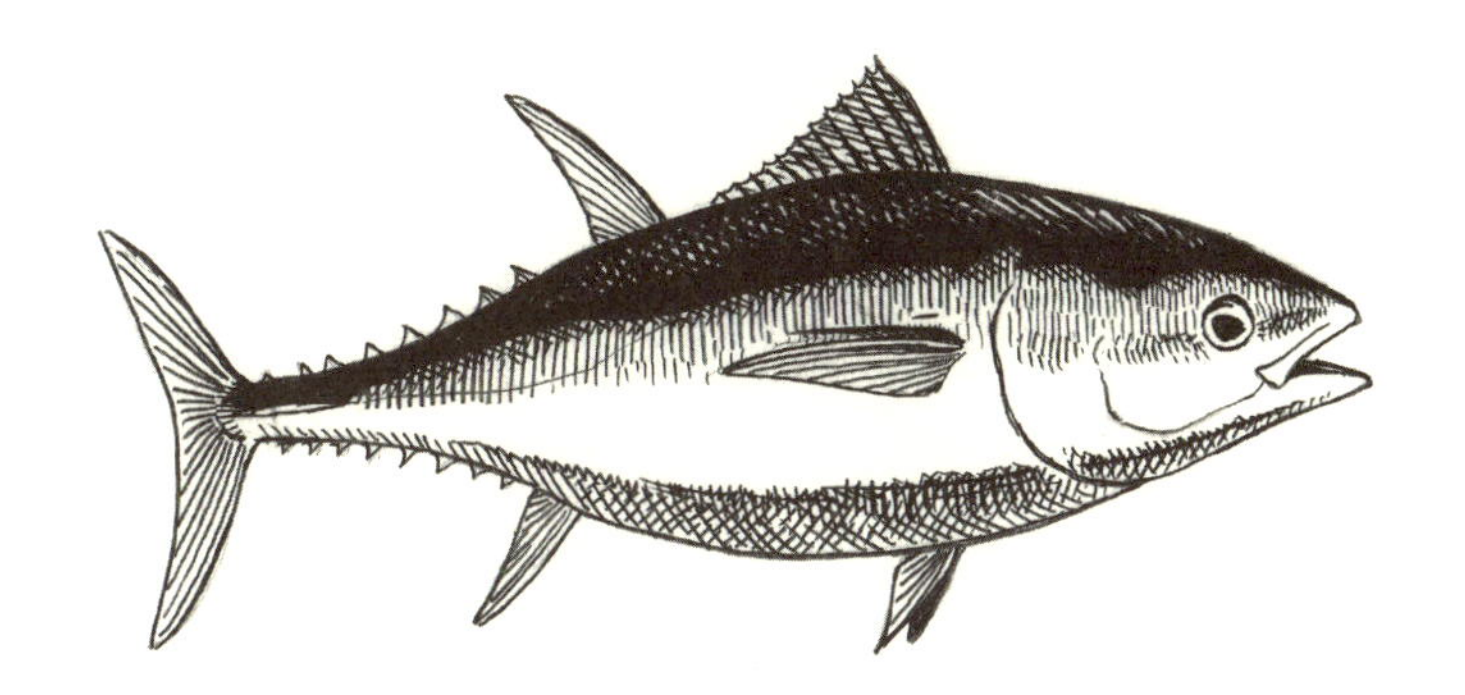

クロマグロ

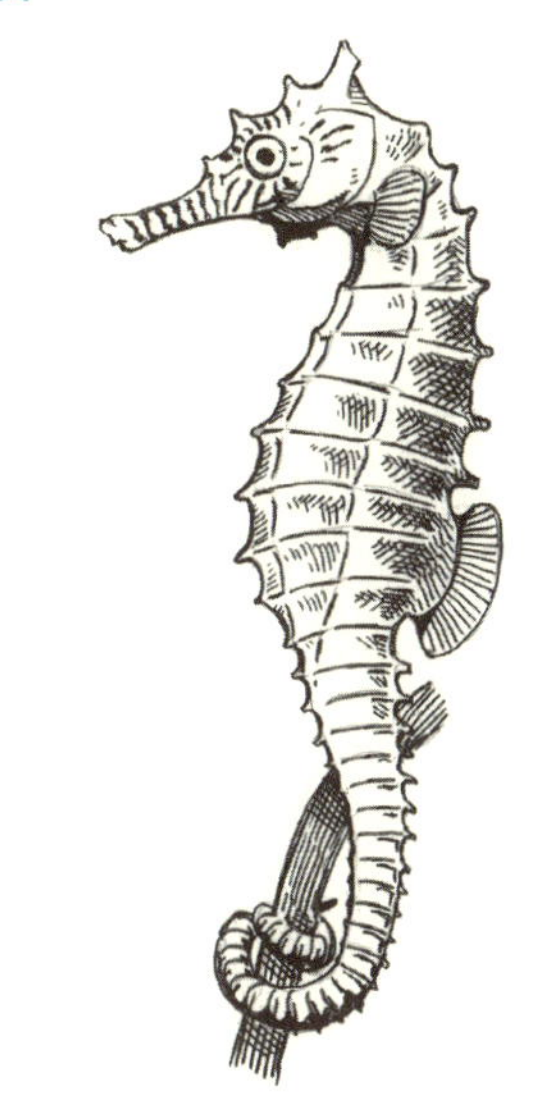

タツノオトシゴ

5-2 断片的な魚の眠り

魚の寝姿？

魚にはまぶたがありません。外観から眠っているかどうか判断するのは難しいことです。また、一般に脳波の変化によってはっきり睡眠と覚醒を区別するのは難しいとされています（『動物たちはなぜ眠るのか』）。

しかし、無脊椎動物を含む動物世界について、行動学的な基準で、より広い意味の睡眠を認める考えが現在の主流となっているようです。アオブダイなど、ブダイのなかまは、夜間、鰓から分泌した粘液で作った寝袋のようなものにくるまって、じっとしていることから、

ブダイのなかまアオブダイの寝姿

最も眠っていることが確実視されている魚でしょう（文献同前）。また、クマササハナムロという魚は、昼間は青い体色をしているのに対して、夜はまったく違う色となっていることが知られています。これは睡眠状態にあるからでは、と考えられています。また、シマアジなどの沿岸性の魚類や、カツオ、ブリなどの回遊魚でも、寝ていると考えられる状態が観察されています（『眠りを科学する』）。

睡眠の割合

『動物たちはなぜ眠るのか』の井上博士による、野生のコイ目のフナとモツゴ（別名クチボソ）の研究では、夜間の遊泳活動は昼間の20～30％と非常に少なく、夜間の休息を妨げると翌日昼間の活動が半分以下に減ったとされています。また、哺乳類の睡眠物質であるウリジンやデルタ睡眠誘発ペプチドを水槽に加えると、これらの

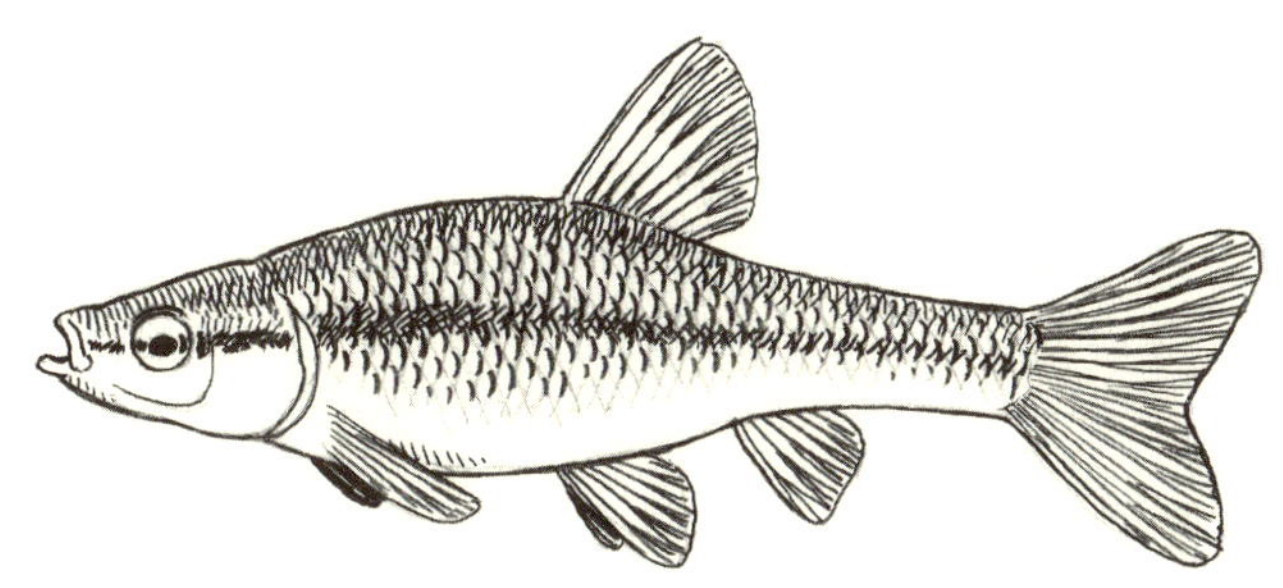

モツゴ

魚の遊泳活動が抑えられました。これらのことから、フナやクチボソには行動学的な定義での睡眠があることが示唆されます。

また、ロシアのカルマノーバ博士の研究によると、ナマズなどではⅠ、Ⅱ、Ⅲ型と名づけられた3種類の、睡眠に似た状態が区別されました。Ⅰ型は、体が軟らかく、可塑性のある筋緊張を伴う不動状態、Ⅱ型は体が硬く強い筋緊張を伴う不動状態、Ⅲ型は筋が弛緩した不動状態であるといいます（『動物たちはなぜ眠るのか』）。

ゼブラフィッシュの睡眠

魚の睡眠についての最近の研究はあまり見つかりませんが、ゼブラフィッシュ（zebrafish, *Danio rerio*）についてのものを紹介しましょう（Sorribes et al., Front. Neural Circuits, 2013）。ゼブラフィッシュは、体長5センチほどのコイ目の小型の魚で、形や大きさはメダカに似ています。ゼブラフィッシュは、遺伝学が駆使できる魚のモデルであるだけでなく、小型で扱いやすい脊椎動物のモデルとして、最近世界的に研究に使われています。

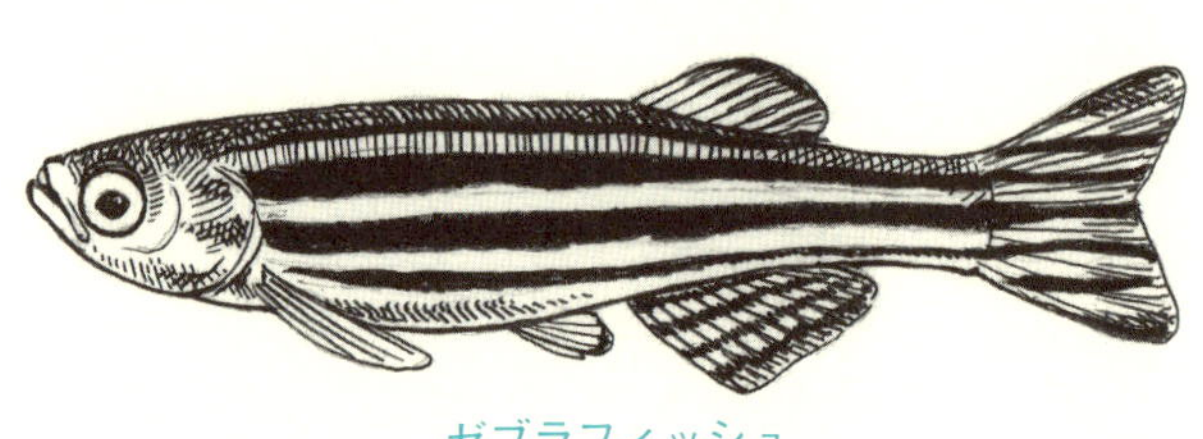

ゼブラフィッシュ

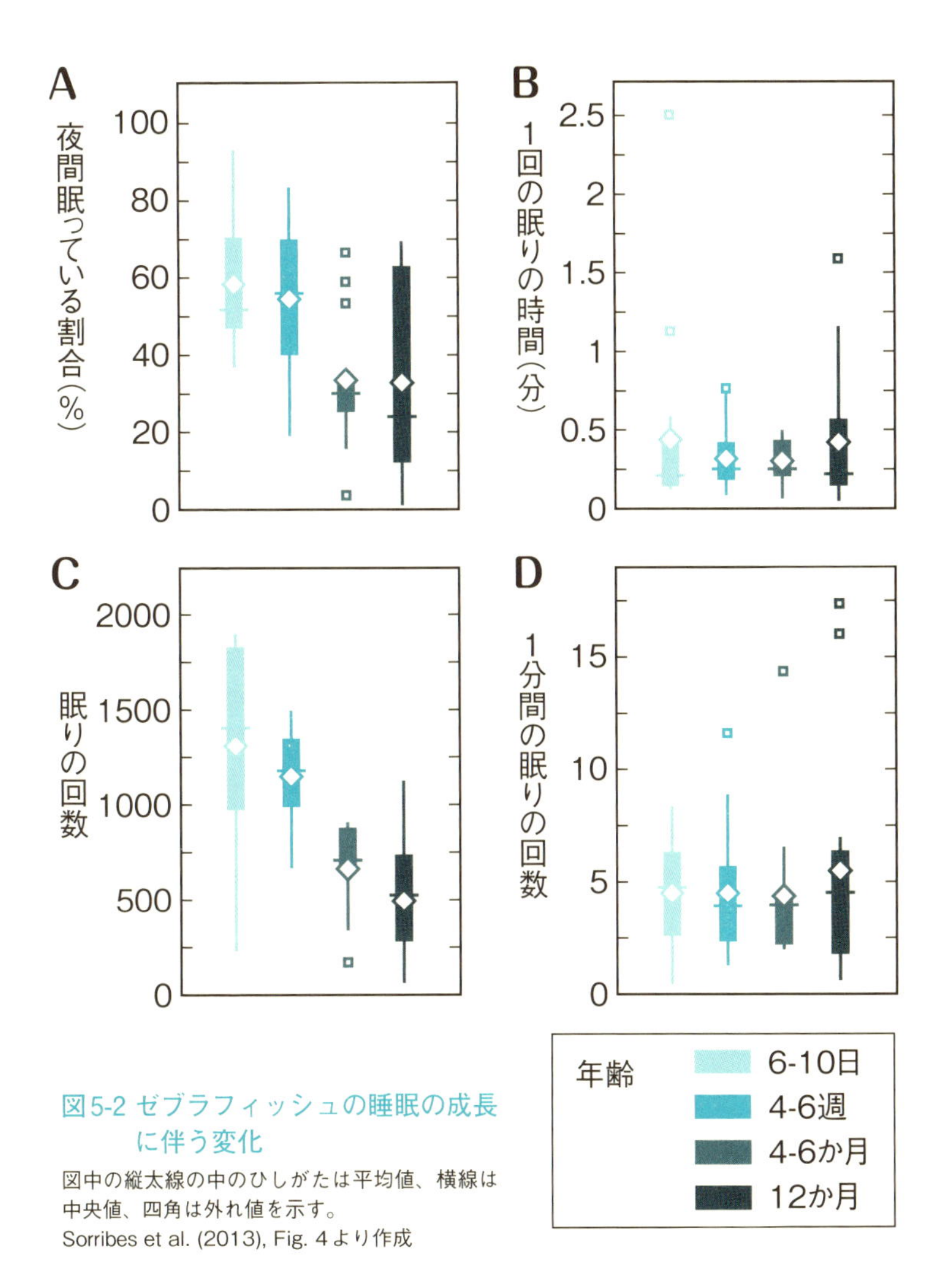

図5-2 ゼブラフィッシュの睡眠の成長に伴う変化

図中の縦太線の中のひしがたは平均値、横線は中央値、四角は外れ値を示す。
Sorribes et al. (2013), Fig. 4より作成

この研究では、自発的な動きがない、概日リズムに従って自発的に起こる、覚醒状態へ戻る域値が高くなっている、などの行動学的基準によって睡眠状態を判別しています。また、この研究の主目的は、生まれた後の年齢・成長に伴う睡眠の変化についてヒトと比較することです。

図5-2が、この本のテーマに最も関係の深い結果です。図のAは、夜間眠っている時間の割合であり、動物一般と同様に成長に伴って減少しますが、成魚（生後12か月）では平均30％（4時間）あまりとヒトより少ないことがわかります。Bが1回の眠りの時間、Cが眠りの回数、Dが1分間の眠りの回数です。

これらの結果から、1回の眠りが非常に短く、眠りが著しく断片化していることがわかります。眠りの回数はヒトの50〜100倍であり、大きく異なっています。

魚類の眠りは、哺乳類、鳥類の睡眠（真睡眠）とはまったく違います。しかし、行動的な基準では、睡眠あるいは原始睡眠と呼べる状態が確かにあり、これがより高等な動物の睡眠へ発展したと考えられます。

第6章

軟体動物の眠り

6-1 軟体動物について

軟体動物の分類

軟体動物は、軟体動物門という分類群（分類の階級は大きい分類群から界、門、綱、目、科、属、種となる）を形成しています。現生種約10万種を含んでいる巨大な動物群です。

軟体動物門に含まれる動物は多種多様で、分類は複雑ですが、全体は、双神経亜門（ヒザラガイ綱など）、曲体亜門（腹足類＝巻貝類、頭足類＝イカ、タコなど）、直体亜門（斧足類＝二枚貝）に分けられます（図6－1）。

軟体動物は後生動物、旧口動物の一門であり、左右相称で内臓が収まる真体腔をもちます。また、一般的には頭、足、内臓塊をもちますが、二枚貝類には頭がありません。内臓塊の表皮が外套膜となり、内臓塊と外套膜との間に外套腔があります。そこに鰓（櫛鰓1対）があり、消化管末端および排出器が開きます。

心臓は2心耳1心室が原則、開放血管系で、酸素を体内に運ぶ呼吸色素としてヘモ

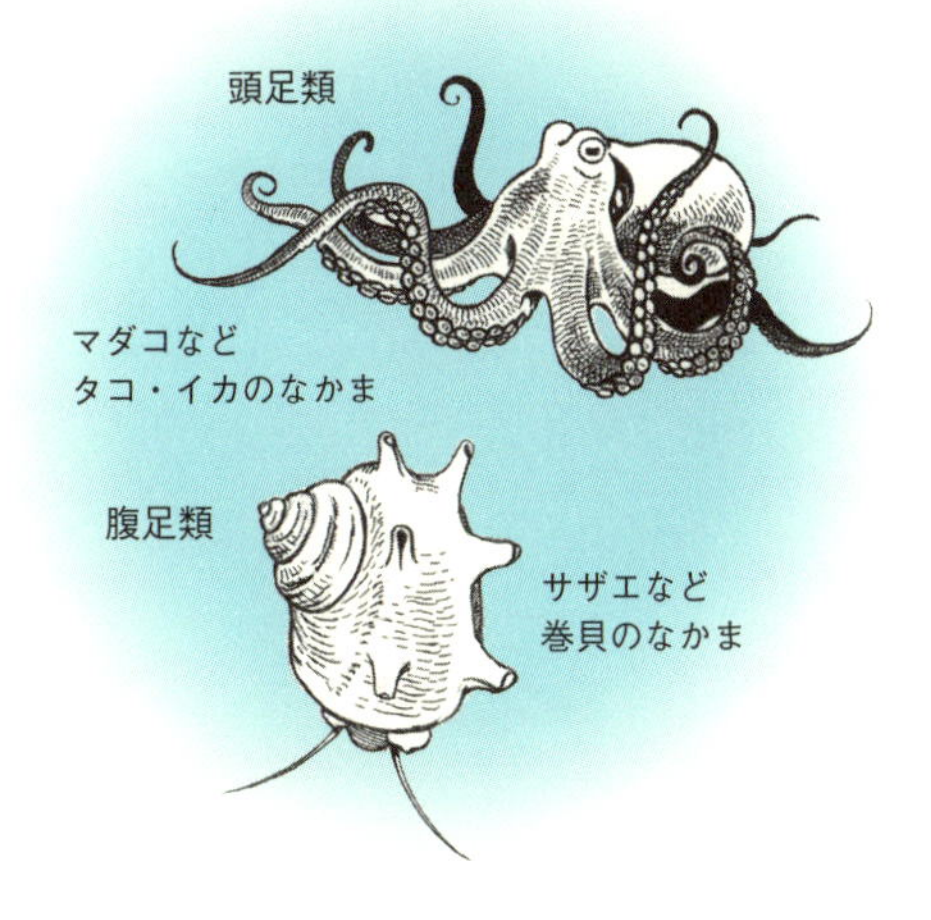

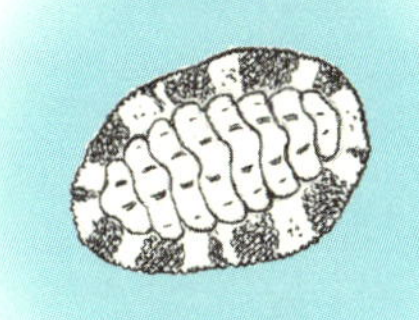

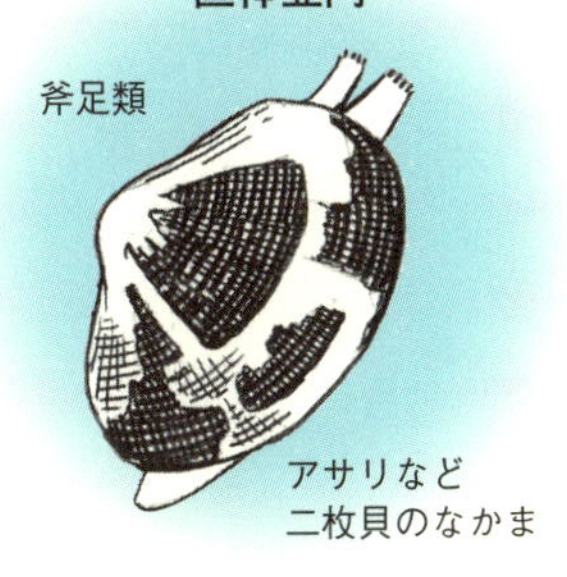

図6-1 軟体動物の代表的な分類

『岩波　生物学辞典』より作成

シアニンまたはヘモグロビンをもちます。

足には筋肉がありますが、平滑筋であり、動きはあまり速くはありません。無脊椎動物の中では神経系が最も発達し、頭神経節、側神経節、足神経節、内臓神経節が各1対あり、これらは縦連神経により連絡しています（『岩波　生物学辞典』）。図6−2は、二枚貝（斧足類）の体の構造を示します。

また、頭足類は比較的大型となり、中でもダイオウイカは無脊椎動物の中でも最大といわれ、触腕末端までの最長記録は

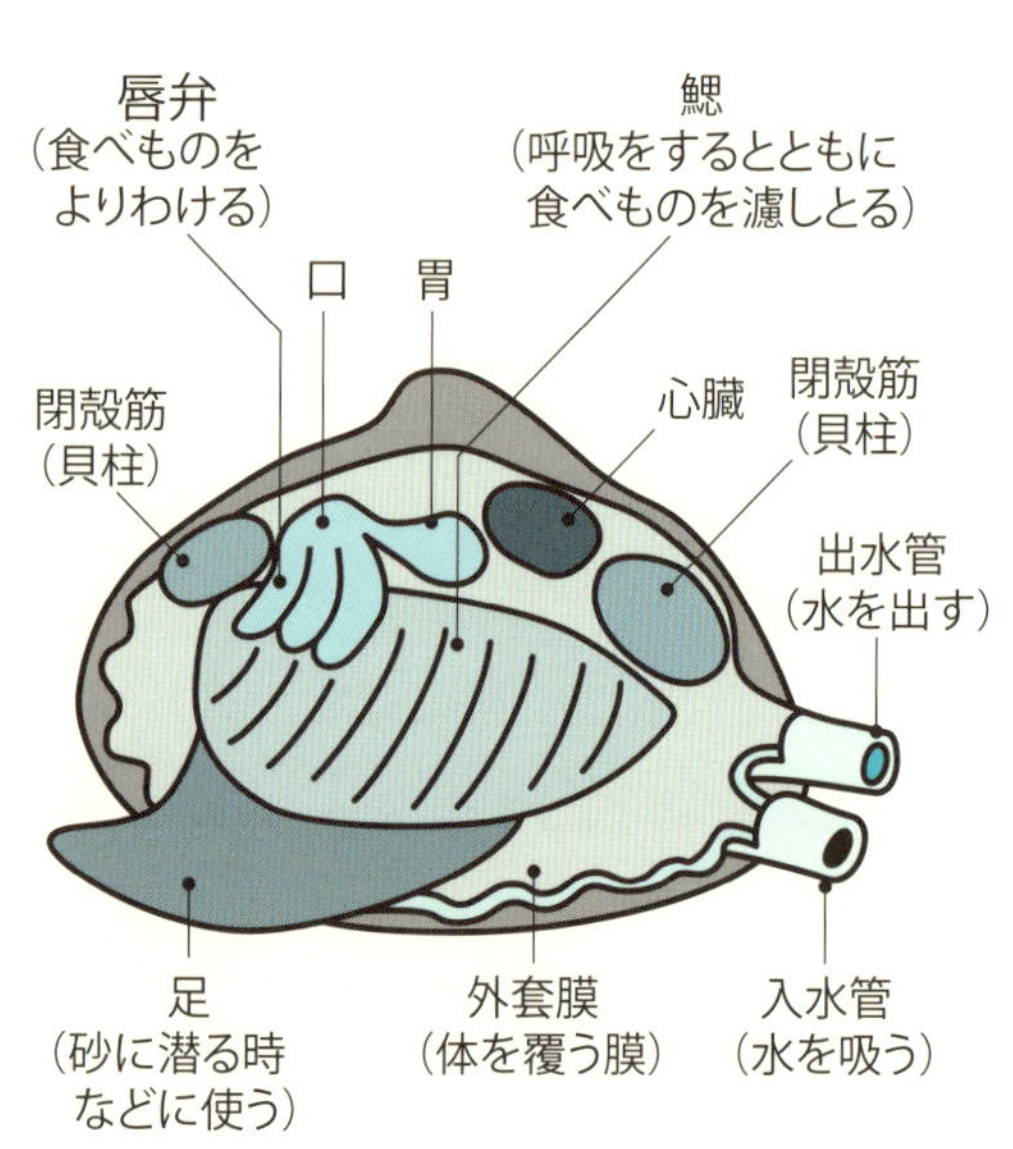

図6-2 二枚貝の体の構造

京都大学白浜水族館ウェブサイトより作成

約18メートルもしくは、24メートルなどとされています。

コウイカの研究

軟体動物の睡眠についての論文はほとんど見つからず、睡眠の一般像はよくわかってはいません。そのような状況でも、頭足類のヨーロッパコウイカ（*Sepia officinalis*）についての最近の研究（Frank et al., PLOS One, 2012）が唯一見つかったので、紹介しましょう。

ヨーロッパコウイカは、熱帯から温帯に生息する大型のイカで、沿岸の浅瀬の比較的海底に近い場所に暮らしています。

この研究では、コウイカが水槽の底で休息している状態がしばしば観察されています。この時、急速な眼球運動（ＲＥＭ）、体色の変化や腕（足）

休息状態にあるヨーロッパコウイカ

のぴくぴくする動き（twitching）を伴い、レム睡眠に似た睡眠であると述べられています。

また、図6-3に示すように、48時間の間、その休息を妨げると、その後の24時間では有意（p<0.013）な休息期間の割合の増加が見られました。このことも、休息状態が睡眠の機能をもつことを支持しています。

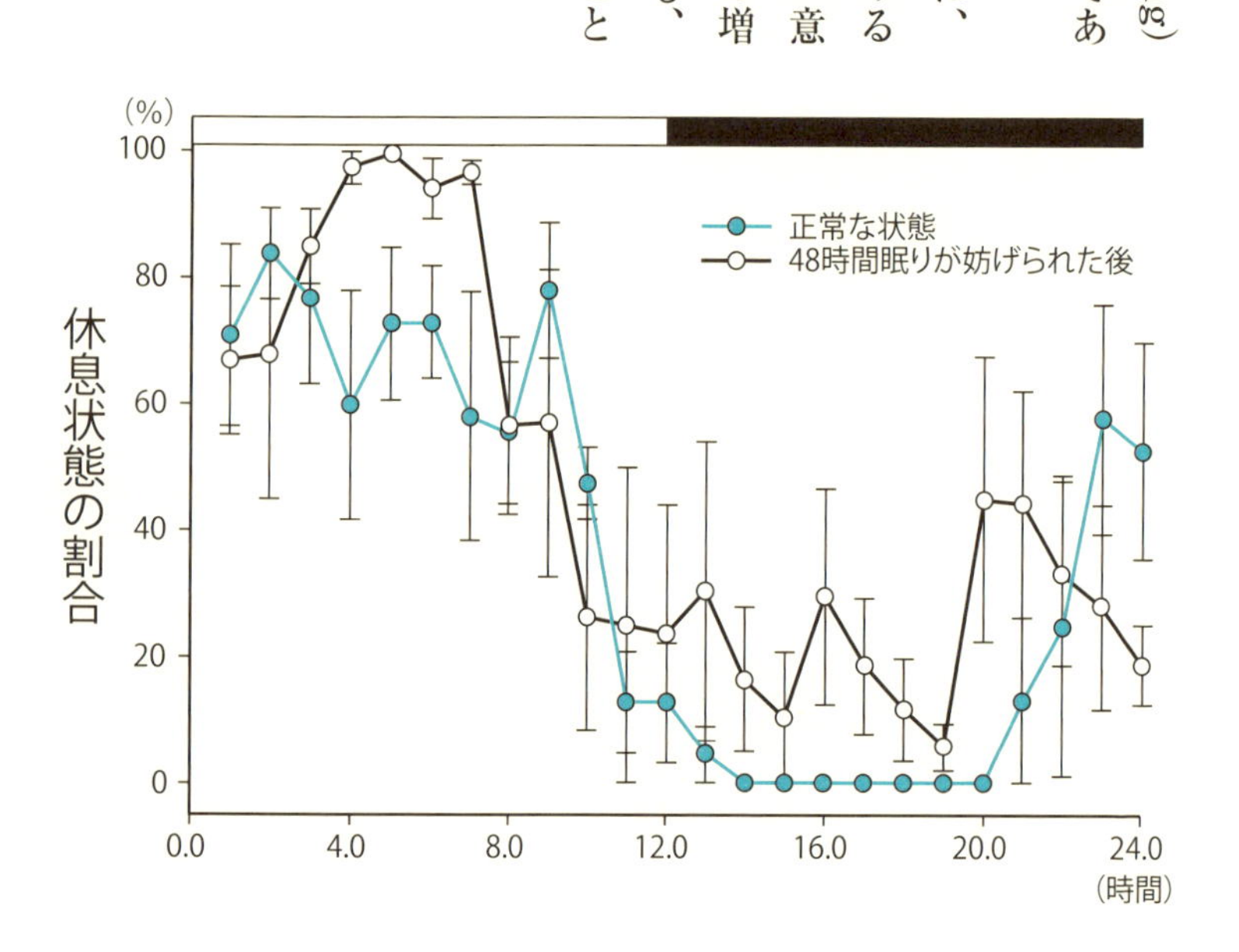

図6-3 コウイカの休息状態の割合

緑丸は正常時、白丸は休息を２日間妨げられた後のもの。
Frank et al., PLOS One (2012), Fig. 4より作成

第7章

昆虫など節足動物の眠り

節足動物の分類と概要

節足動物の分類

節足動物は、約100万種、現生で既知の生物全体の半数あまりを占めています。これは最大の動物群であるといえます。図7-1に、ごく簡単な系統分類を示しました。古生物として有名な三葉虫亜門の生物は、古生代にたいへん栄えましたが、古生代末期のペルム紀に絶滅しています。

現生種は鋏角亜門と大顎亜門の2つの大きな群に分けられています。鋏角亜門は、クモ、ダニ、カブトガニなどのなかまです。大顎亜門には、6つの綱があり、甲殻類（エビ、ミジンコなど）、ヤスデ、ムカデなどのグループ（綱）、昆虫綱があります。分類群の数も種の数も、そのほとんど大部分が昆虫綱に属します。

昆虫類は、それだけで節足動物の大部分（75万種以上）を占めることから、種の数や多様さで地球上最も繁栄している生物群ということもできます。この昆虫の中でも、その多くは、最下段の有翅昆虫亜綱に属し、我々になじみの深いチョウ、ガ、ト

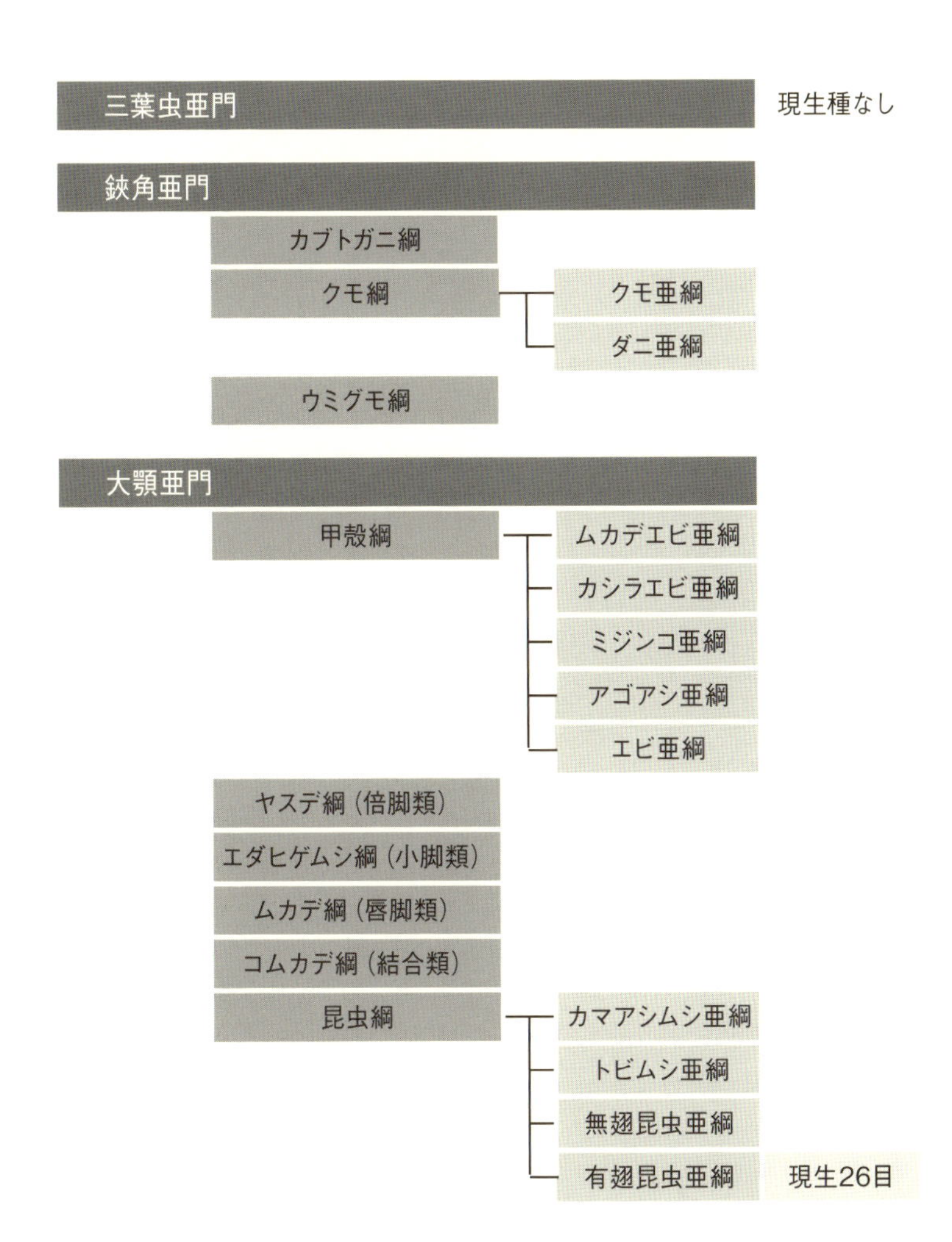

図7-1 節足動物の代表的な分類

ンボ、甲虫、ハエ、ハチ、ゴキブリ、カマキリ、カメムシ、セミ、ノミなどは、すべてこれに含まれています。

節足動物の体のつくり

節足動物全体の構造の特徴としては、左右相称で、内臓が入る体腔をもつ旧口動物です。全体としていくつかの体節からできていて、原型では各体節が関節のある附属肢をもちます。体表は硬いクチクラに覆われるので、成長のためには脱皮が必要です。心臓は長い管状で、血管系は少なくともある程度は開放血管系です。

神経系は食道上神経節（脳）を中枢とするはしご状で、各種感覚器ともよく発達し、活発に運動することができます。運動に関与する筋肉は横紋筋です。多くは雌雄異体です。

昆虫類については、その体は頭・胸・腹の3つの部分に明瞭に区分されています。頭部には1対の触角、口（大顎、小顎、下唇）、1対の複眼、複眼の間に、通常3個の単眼があります。

胸部は3体節からなり、有翅昆虫の成体では、脚は胸部に3対あります。有翅昆虫亜綱では2対の翅があり、翅もやはり胸部にあります。腹部は7～13（多くは11）の体節からできていて、幼虫の時に存在していた腹脚は、成体の腹部にはありません。気管系がよく発達して、これにより呼吸を行います。

大部分は卵生で、幼虫から脱皮を繰り返し、体の大きさや形態を変えて成長する不完全変態の昆虫と、幼虫から成虫の間に蛹になり、顕著な変態をする完全変態のものも多く見られます。

7-2 ザリガニの眠り

アメリカザリガニの睡眠の姿勢

昆虫以外の節足動物の睡眠の研究は珍しいのですが、比較的新しい本格的な研究を1つ紹介します（Ramon et al., Proc. Natl. Acad. Sci. USA, 2004）。

使われたのは、甲殻類エビ目のアメリカザリガニ（Red swamp crayfish, *Procambarus clarkii*）で、アメリカ大陸原産で、日本には1927年に持ち込まれた外来種です。現在、日本でよく見られるザリガニの多くはこの種であるといわれています。

実験材料とされたザリガニは、体長10セン

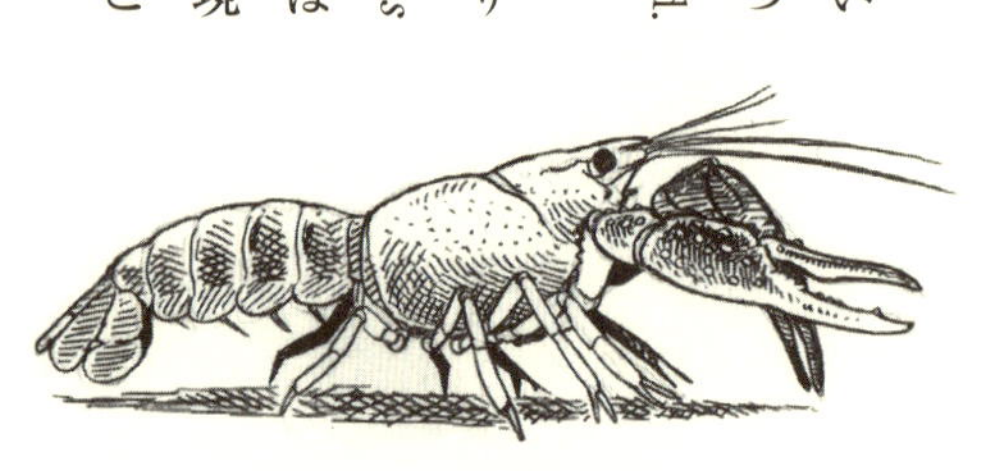

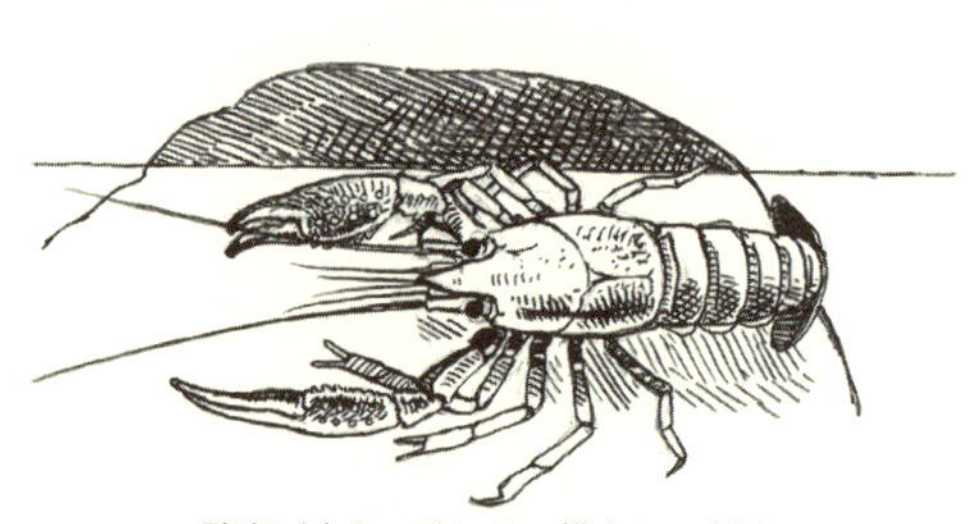

酸素が少ない時には、横向きに水面近くにいることがある（下図）。

アメリカザリガニ

チほどの大きさのものです。アメリカザリガニの姿勢としては、脚を伸ばして水中に立っている通常の状態がありますが、ときに、水面近くで水面に対して横向きに浮いて、じっとしている姿勢が見られることがあります（前ページのイラストおよび、図7-2）。これは、眠りの状態とも考えられ、とくに水中に酸素が少ない時に、酸素が比較的多く含まれる水面近くで鰓呼吸をしている状態といわれています。

眠りの特性

図7-3は、歩き回っている状態での脳波（A）、横向きの休息状態での脳波（B）、および同じ状態での上顎からの電位（C）を比較したものです。これを見ると、横向きの休

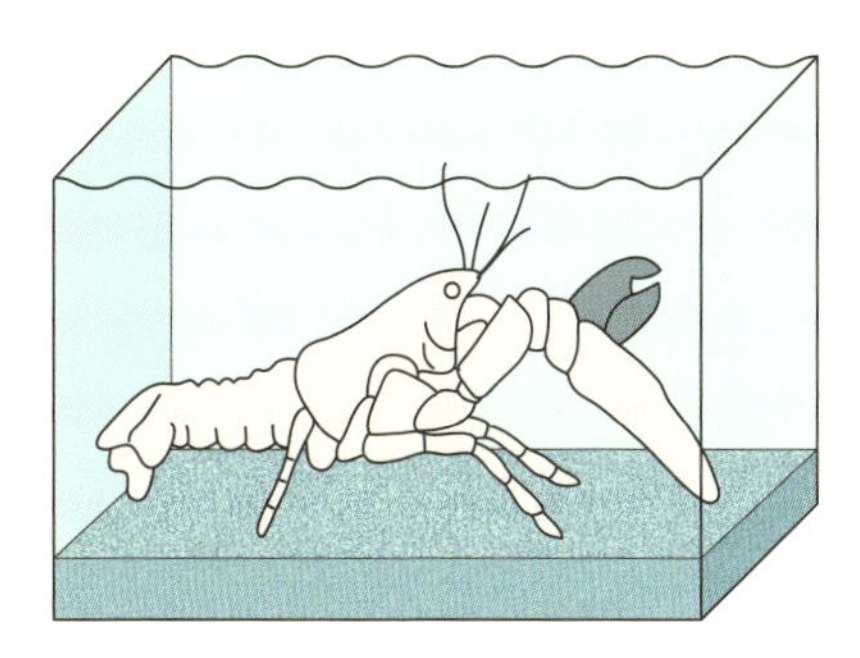

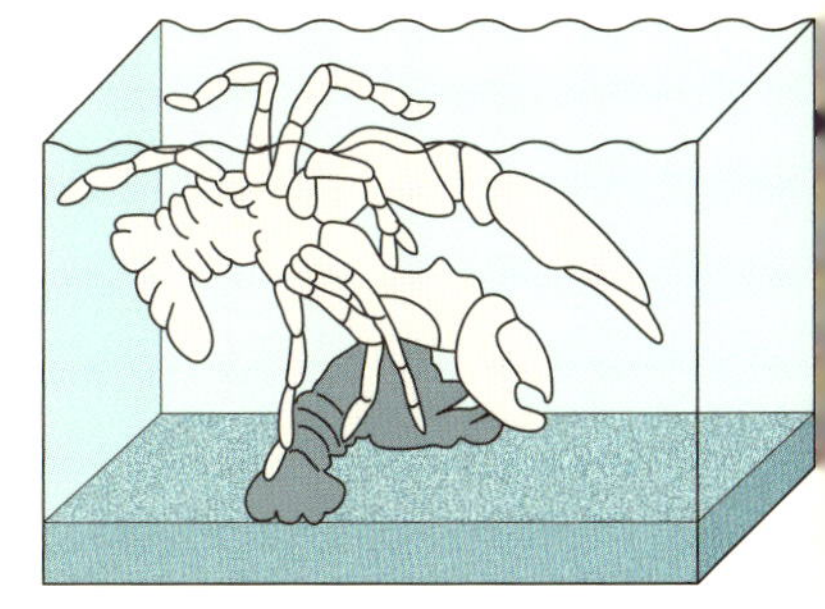

図7-2 アメリカザリガニの通常の状態（左）と休息状態（右）

Ramon et al. (2004), Fig. 1より作成

息状態（B、C）の周波数の分布は活動時と明らかに異なり、比較的ゆっくりした波（徐波）が活発に見られるのがわかります。

また、図7－4では、24時間睡眠を妨げられた場合（白丸）と正常な状態（黒丸）を比較した結果です。睡眠を妨げられると、その後の睡眠時間が、正常時より1日を通じて増加することを示しています。

これらの基準から、アメリカザリガニの睡眠時は刺激に対する感受性が低く、脳波においても哺乳類のものとある程度似た睡眠があると結論しています。

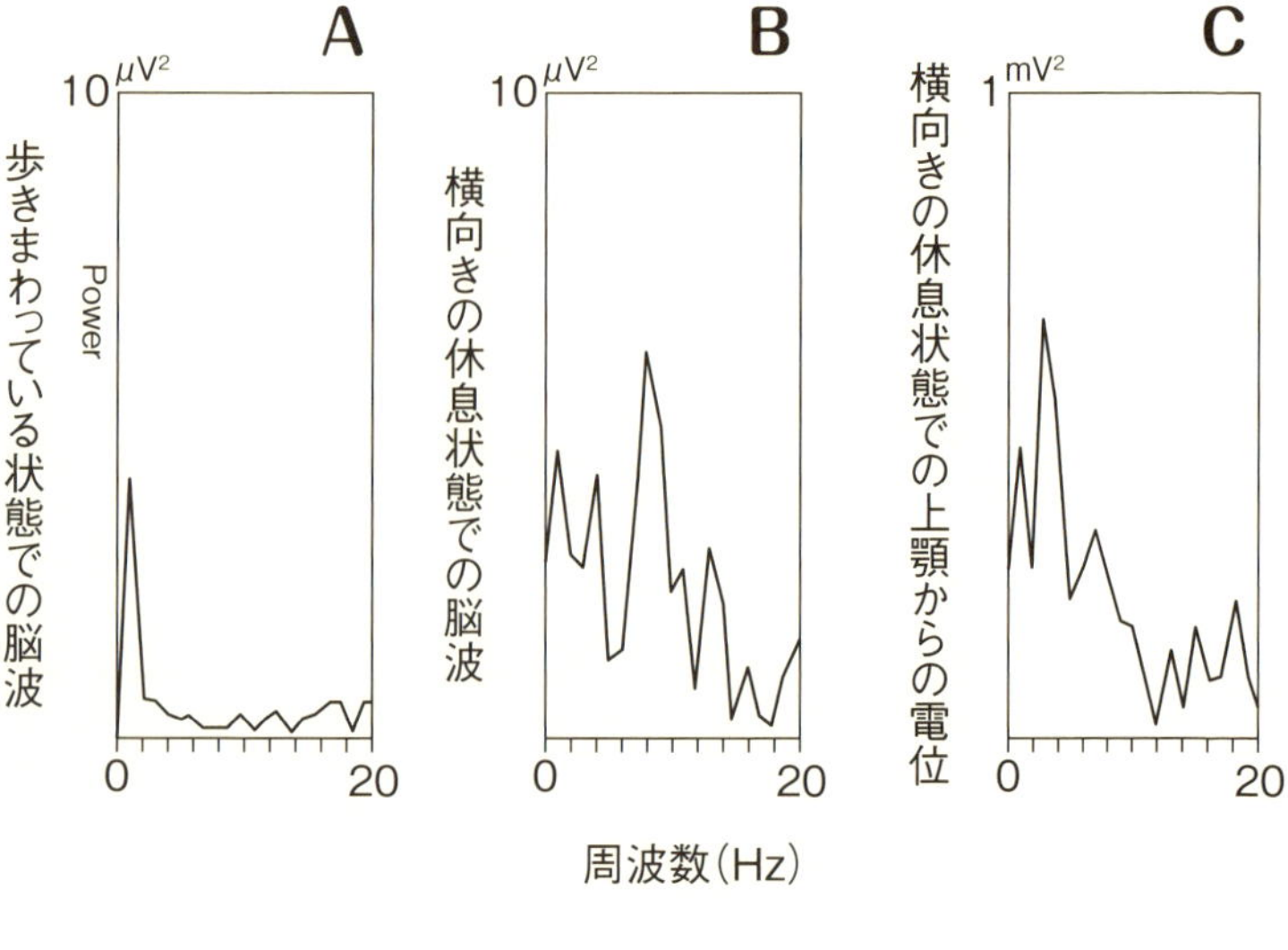

図7-3 アメリカザリガニの脳および上顎の電気活動

A、B、Cとも、周波数の変動の視認性を上げるため、電圧の2乗で示した。

Ramon et al. (2004), fig. 3より作成

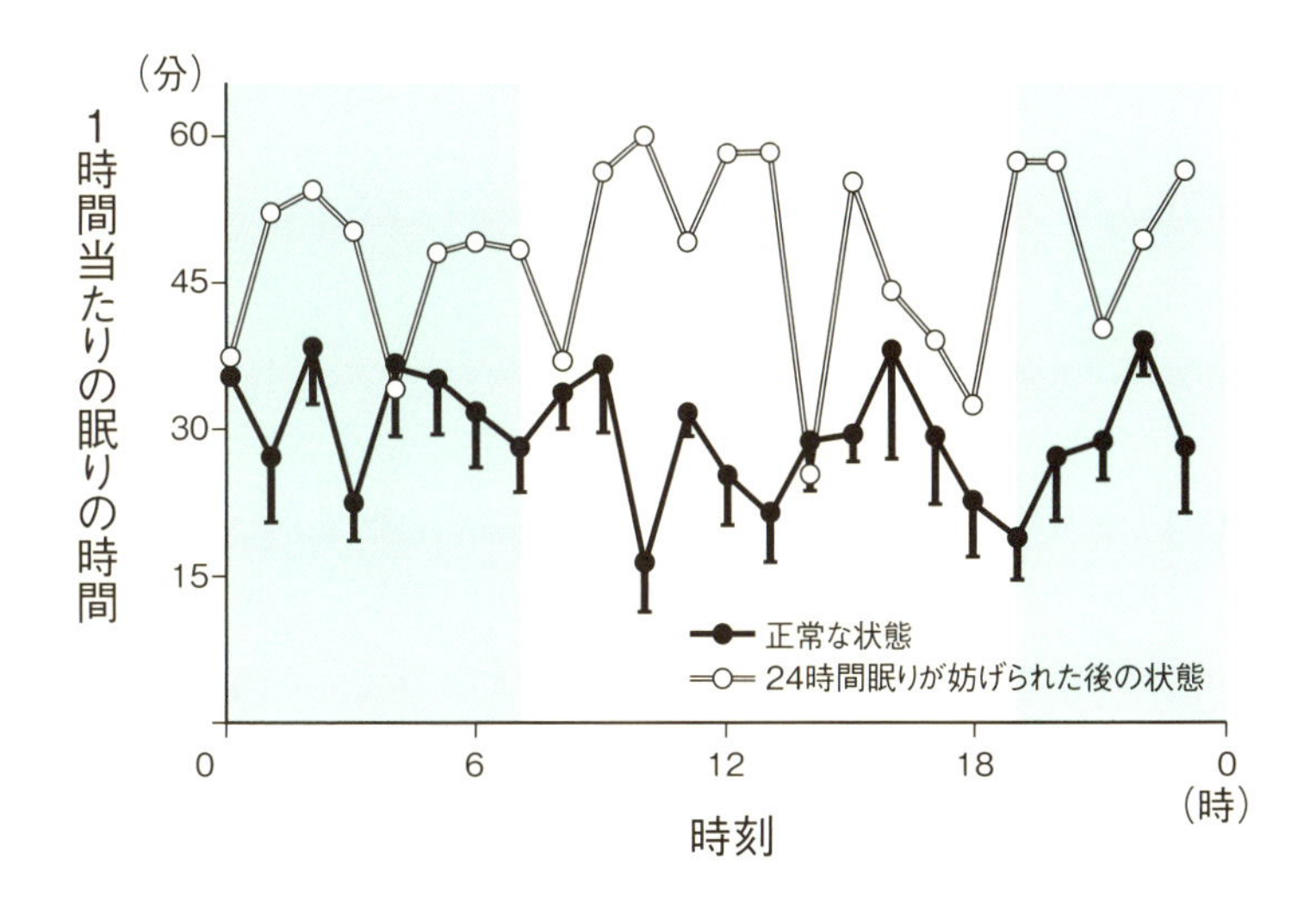

図7-4 アメリカザリガニの睡眠時間

●…正常な状態　○…24時間眠りが妨げられた後の状態。
白い部分は昼間、緑色の部分は夜間を示す。
Ramon et al. (2004), fig. 4より作成

7-3 ショウジョウバエの眠り

ショウジョウバエとは

　昆虫の睡眠については、遺伝学が駆使できるモデル動物の代表であるショウジョウバエ（正式にはキイロショウジョウバエ、*Drosophila melanogaster*）に集中して、活発に研究が行われています。ショウジョウバエは有翅昆虫の典型的な構造をもつハエであり、体長は2〜3ミリ、約20万の神経細胞（ニューロン）をもちますが、いわゆる脳波の検出はされていません。

　このハエでは以前から、動きのほとんどない休息（rest）の状態があることが知られていましたが、2000年頃に詳しい研究が行われ、行動学的な基準により、眠りがあると考えられるようになってきていま

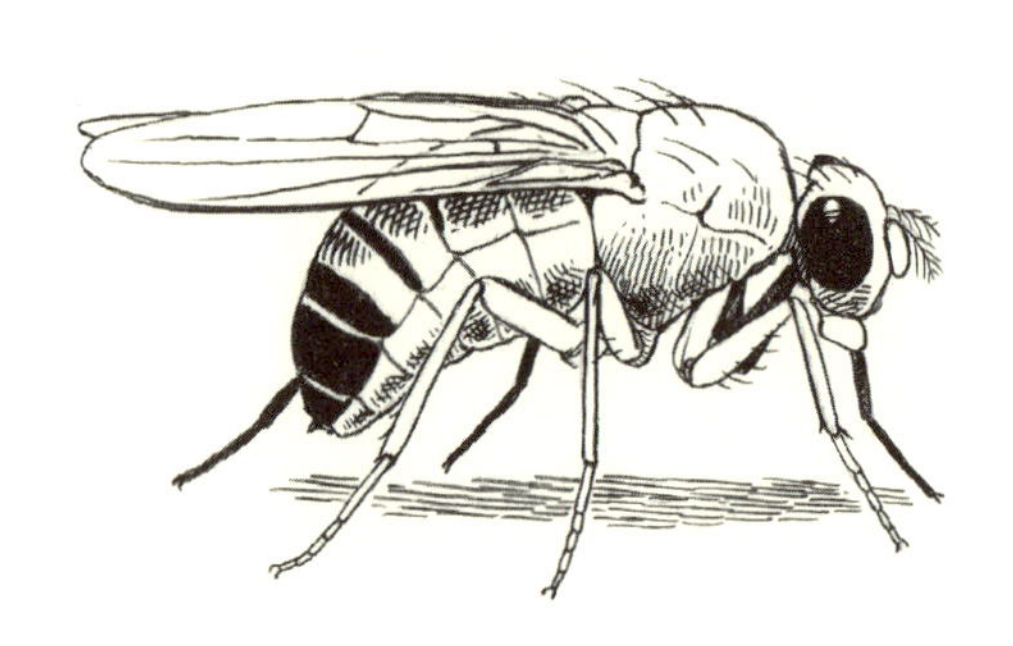

ショウジョウバエ

す。ここでは、その先駆的な研究（Hendricks et al., Neuron, 2000）の基本的な結果をいくつか紹介します。

ショウジョウバエは眠るのか

図7－5は、ハエの移動運動を自動的に検出・記録する装置によって得られた結果を示したものです。装置は直径2ミリ、長さ6センチの透明な管で、その中に1匹ずつハエを入れて調べています。図に示すように、96％の時間は餌のそばにおり、またそこでは休息に特有の姿勢を取っていることが多いことがわかりました。

図7－6は、この装置を暗い条件下に置いて調べた結果です。1日の概日時間（生体リズムに基づく時間で、周期は24時間より少し長くな

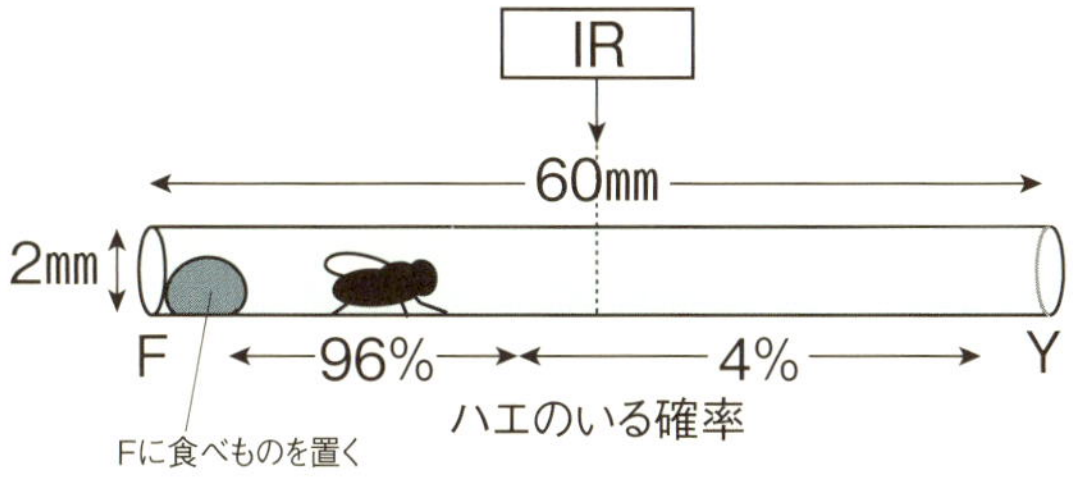

IR
60mm
2mm
F　96%　4%　Y
ハエのいる確率
Fに食べものを置く

図7-5 透明な管にショウジョウバエを入れた時のハエの移動

IRは赤外線の線源で、管の反対側に設置したセンサーにより、ハエがここを横切る回数が記録される。Fは餌をしみ込ませた寒天で、ハエは平均96%の確率でこの付近にいる。
Hendricks et al. (2000), Fig. 1より作成

る。恒暗条件でも維持される）の各時間帯におけるハエの活動回数や、休息している時間を示していますが、概日時間として左半分の12時までが昼、その後が夜に相当します。

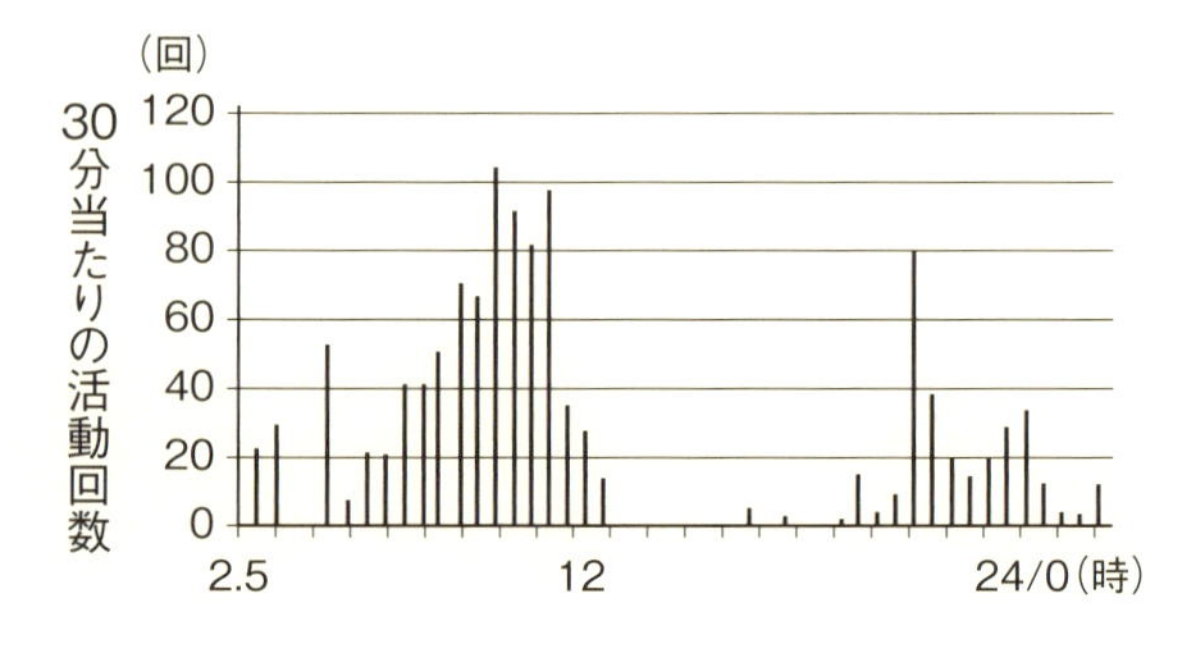

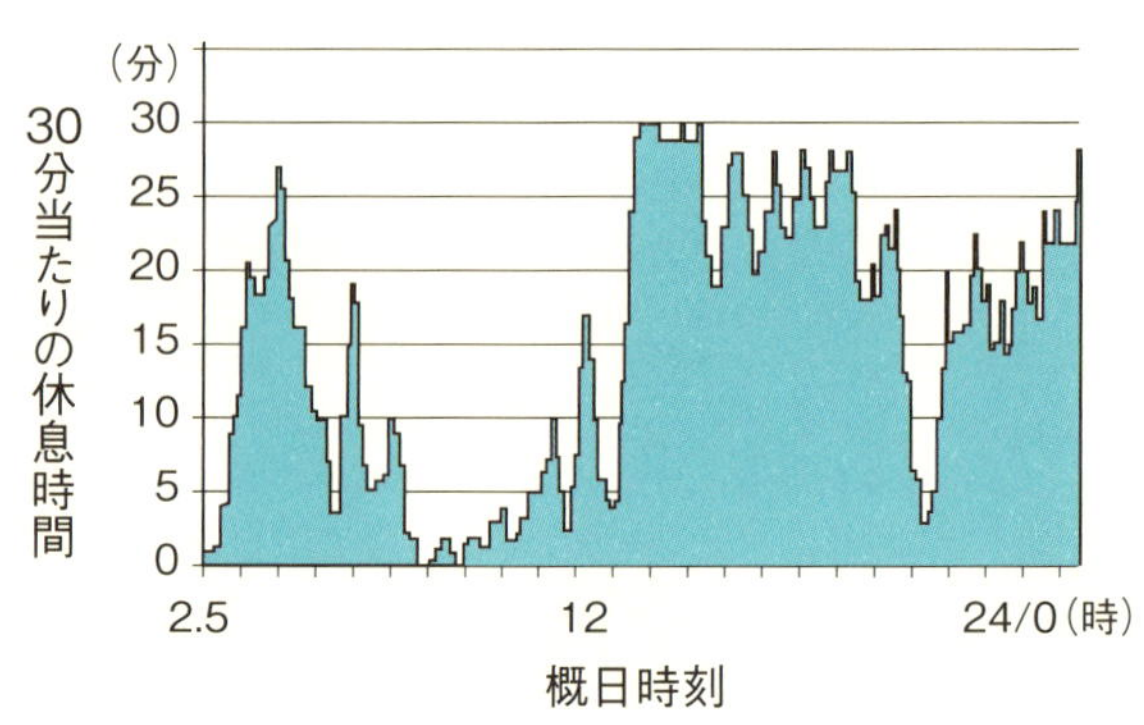

図7-6 暗い条件下に置いて調べたハエの、概日時刻における30分ごとの活動回数と休息時間

Hendricks et al. (2000), Fig. 1より作成

この結果、昼間はその後半を主として約半分の時間活動し、夜間は大部分休息していることが見て取れます。図7-7は、休息しているハエの数（上）と、休息しているハエに動いているハエが接触した時に、まったく、またはほとんど反応がないこと（下）を示しています。このことから休息期には、感覚レベルが非常に低下している

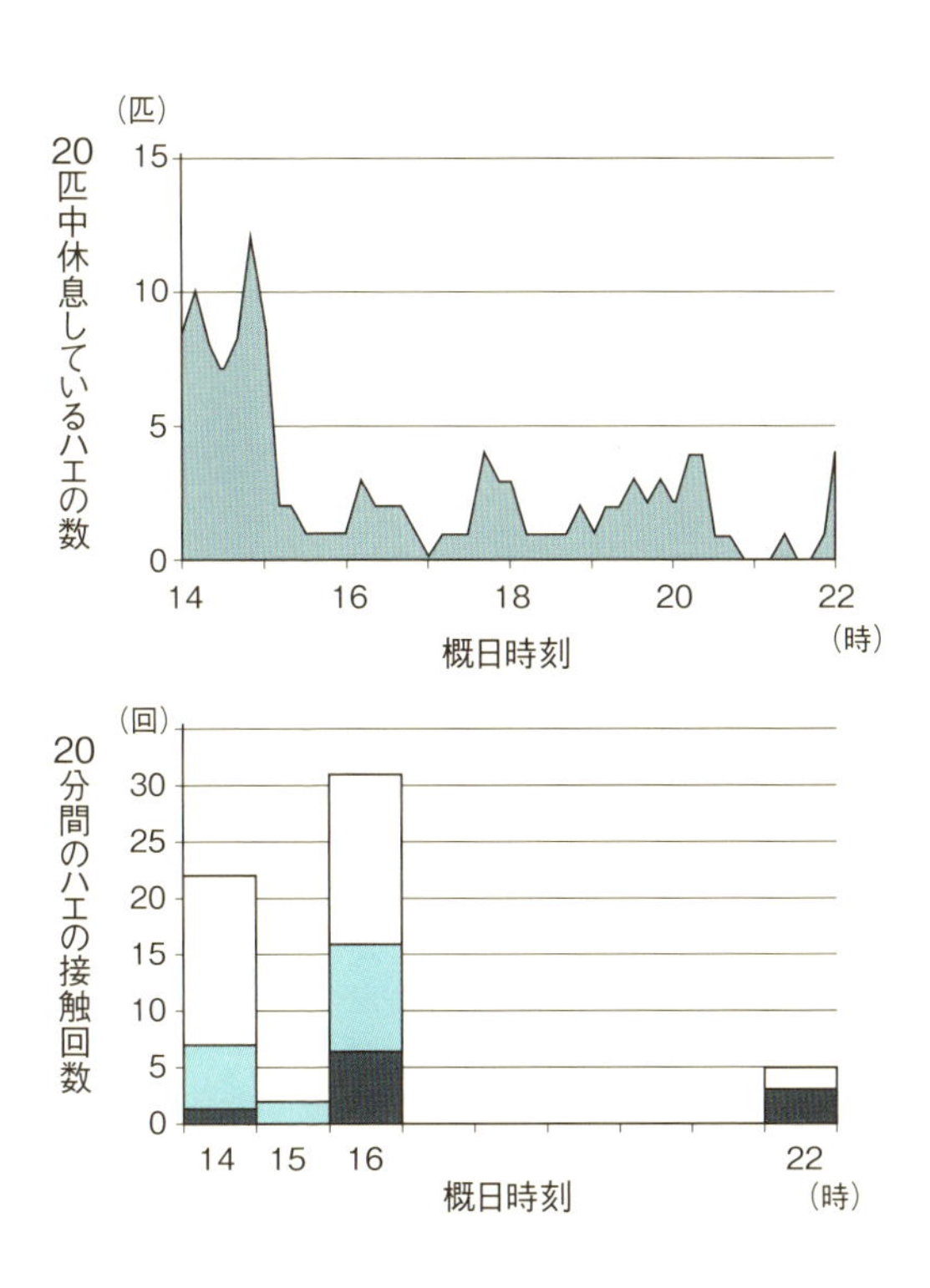

図7-7 ハエの休息数と休息しているハエの反応

上：20匹のハエを恒暗条件下、１日間CCTVカメラで観察。各１分間に休息しているハエの数の記録。
下：同じ条件で、動いているハエが休息しているハエに接触した時の反応の程度。白はまったく反応なし、薄い色はいくらか反応した場合、濃い色は目覚めた場合。大部分（95%）がほとんど、あるいはまったく反応しない。
Hendricks et al. (2000), Fig. 2より作成

と考えられます。

図7-8は、同じ頃に行われた別の研究論文（Shaw et al., Science, 2000）の結果の1つです。夜間の休息を妨げると、その後の昼間の休息が大きく増加することが示されました。前の論文にも同様な結果が報告されています。

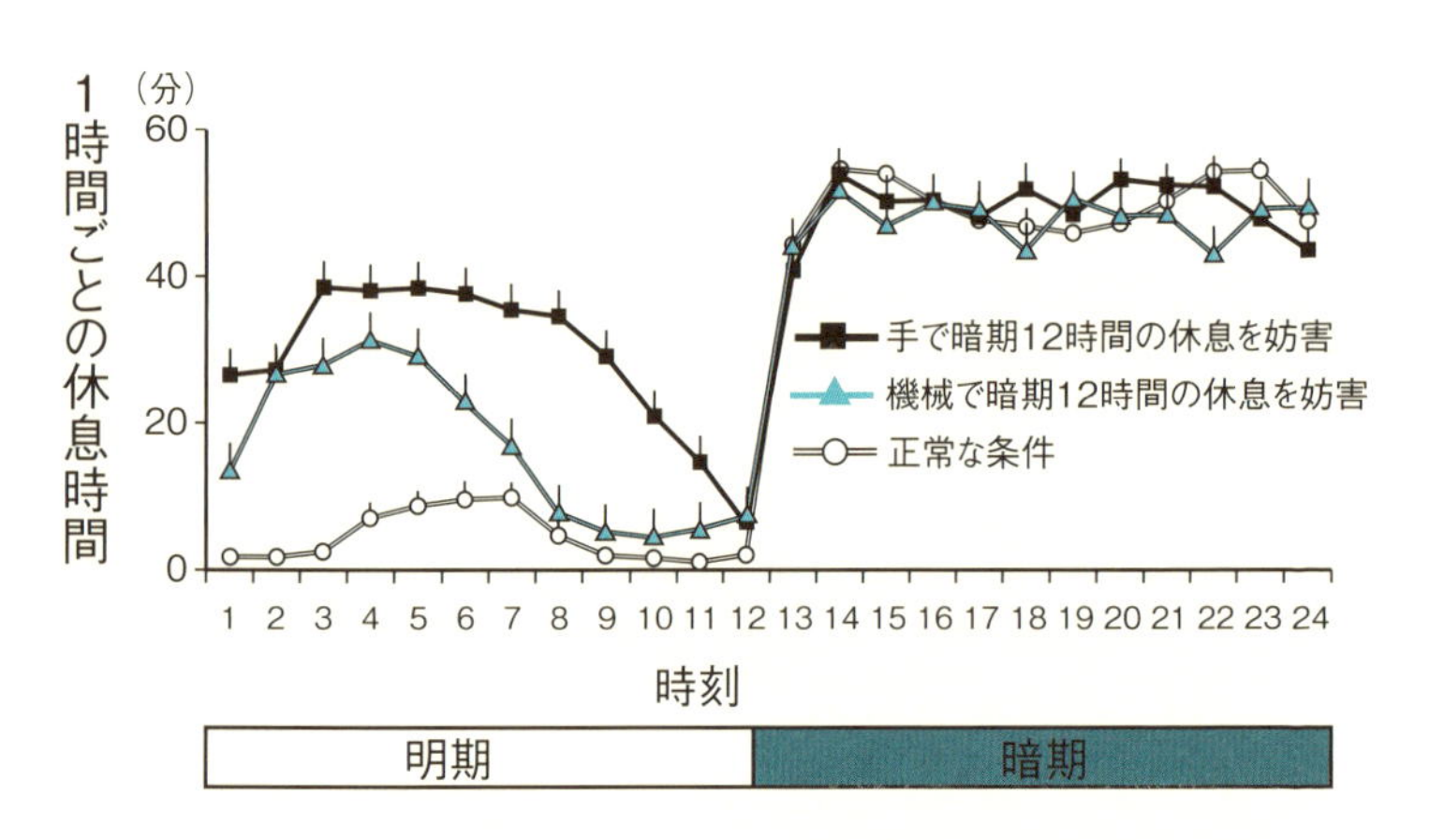

図7-8 夜間の休息を妨げたあとの昼間の休息時間の増加

暗期に休息を妨害をされたハエは、正常な条件でのハエに比べ、明期において大きく休息が増加している。

Shaw et al., Science (2000), Fig. 1より作成

行動学的な眠り

このように、ショウジョウバエにおいて、休息といわれていた期間が行動学的に眠りと考えられるようになりました。その判断基準は、概日リズムに従う、動かず特有の姿勢をとる、感覚レベルが非常に低下している、妨げられると、その後はっきりと休息が増加する、という4つです。

また、ドパミンやセロトニンの受容体や代謝、環状AMP（cyclic AMP）の代謝や反応、GABA（ガンマアミノ酪酸）受容体など、哺乳類の睡眠に関与する物質やその関連反応が、ハエの眠りにも働くことが示されています（Shaw et al., Science, 2000；Raizen & Zimmerman Sleep Med. Clin., 2011）。

さらに、*period*（*per*）や、*timeless*（*tim*）などの遺伝子が、概日リズムの制御など、眠りの調節に重要な役割をもつことが知られており、これらの遺伝子も哺乳動物と共通的であることがわかっています（Hendricks et al., Science, 2000；Allanda & Siegel, Nature, 2008）。これらの事実は、ハエと哺乳類の間で睡眠に分子レベルで共通的な機構があることを示し、重要でしょう。

また同じ昆虫のなかまで、一般の人になじみの深いトンボ、チョウ、ハチなどでは、特有の寝姿と思われるものが観察されています（『動物たちはなぜ眠るのか』）。

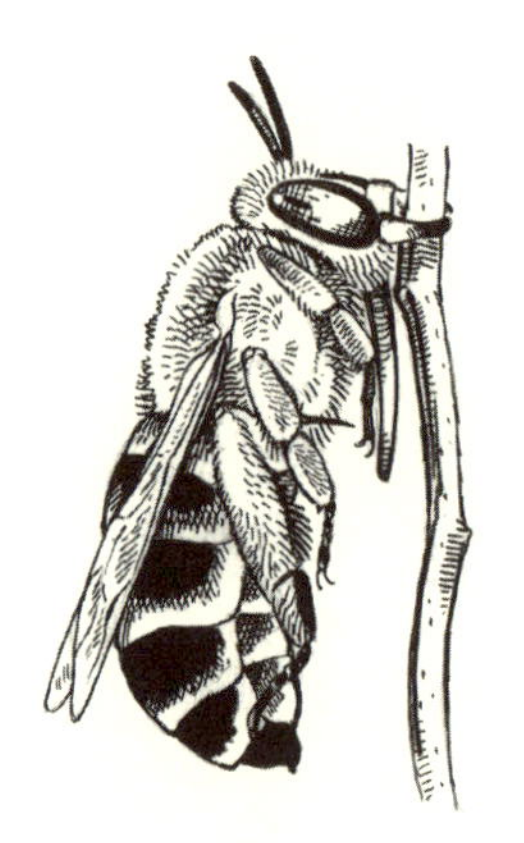

植物の茎をくわえて眠る
コシブトハナバチ

第8章

線虫の眠り

8-1 線虫とは

線虫の概要

線虫は、動物の大きなグループの1つで、分類上は、線形動物門というのがその正式な名前です。この本に登場する動物の中で、最も単純あるいは原始的な多細胞動物です。現在、正式に「種」として認められ、学名がつけられているものでも約2万種類ありますが、この数は、既知の全生物種150万あまりの1%ほどであり、多いとはいえません。

しかし、線虫には未知、またはよく調べられていないものが多く、実際には少なくとも50万、多ければ1億種類が存在すると推定されています。また、全体として個体数は非常に多く、地球上の総重量でも、動物群の中で最大とされています。このように、ある意味で最も繁栄している動物ということもできますし、物質循環でも重要な役割を果たしている動物です。

後生動物、旧口動物であり、体は細長く、体長は最小で約0・1ミリ、回虫のメス成虫では約30センチに達します。全体的に左右相称で、体節、脚はありません。体表はクチクラで覆われるため、成長に脱皮（多くは4回）が必要です。

知られている線虫の約75％は非寄生性（自活性）であり、約50％が海水中に、約25％が陸上（主に地中）、または淡水中に棲んでいます。全体の約25％は寄生性で、15％が動物に、10％が植物に寄生します。

寄生性線虫で最もよく知られている例は、現在の日本ではほとんど見られなくなりましたが、古くから人間に最も多い寄生虫であった「回虫」や、松枯れ病を起こすマツノザイセンチュウでしょう。

線虫の分類

線虫は2綱、5亜綱、19目に分類されています。この後に述べる眠りの研究によく使われるシーエレガンスは桿線虫目に（桿は棒と同じ意味で、細長い円柱状の形を指す）、回虫は回虫目に、マツノザイセンチュウはヨウセンチュウ（葉線虫）目に属しています。

先ほど書いたように、既知の線虫の約4分の3は非寄生性、自活性であり、シーエレガンスもその多数派に属する自活性の線虫です。しかし、ほとんどすべての生物について、寄生する線虫がそれぞれ複数いると考えられており、自活性線虫同様に大多数の寄生性線虫はまだ調べられていません。

動物に寄生する既知の線虫の宿主の中で、最も多いのは昆虫などの節足動物です。そして、前項でも書いたように、昆虫は動物のうちの最大グループといってよく、既知の種は75万以上（既知の全生物の約50％）にもなるので、未知の線虫については動物寄生性のものが最も多い可能性があります。このようなことから、地球上の線虫の種の総数は１５００万から1億というような推定もなされています。

8-2 線虫シーエレガンス

シーエレガンスの体

シーエレガンスの正式な名前（学名）は*Caenorhabditis elegans*で、略称は、属名のセノラブディティスの頭文字をとって*C. elegans*といいます。この本ではシーエレガンス、エレガンス線虫、エレガンスなどと呼ぶことにします。

エレガンス線虫は、ショウジョウバエと並ぶ、遺伝学的材料として非常に優れたモデル動物で、さまざまな生物学の研究に広く使われています。土壌線虫の1つとされていますが、土の中だけでなく、ゴミや植物の表面にもいると考えられています。細菌を主な食べものにしているので、細菌が多い場所を好むと思われます。

エレガンスは、成虫の体長が1ミリあまりの自活性の線虫であり、普通の個体は図8-1のような形をし、体はほとんど透明です。また、内部に図に示すような器官をもっています。腸、生殖巣、体壁筋肉、下皮などの主な器官と、生殖巣の中の卵（受精卵、胚）、卵母細胞が示されています。この図には示されていませんが、もう1つの主要な器官として、神経系があります。

エレガンスの普通の個体（図8−1）は雌雄同体であり、1個体の生殖巣の中で卵と精子が共に作られ、それが体内受精することによって増殖することができます。この雌雄同体から、性染色体の異常分裂により、約0・2％の割合で、オスの個体が生まれます。オスは少し小さく、雌雄同体の個体とは、生殖腺（精子しか作らない）や外部生殖器の構造が異なります。

シーエレガンスの生活史と特徴

エレガンスは、現在世界中の多くの研究室で実験材料として使われていますが、実験室では普通、シャーレの中の寒天平板培地の上で、その表面に生えた大腸菌を餌として飼育されています。寒天平板の表面では、餌があれば食べながら、なければ餌を

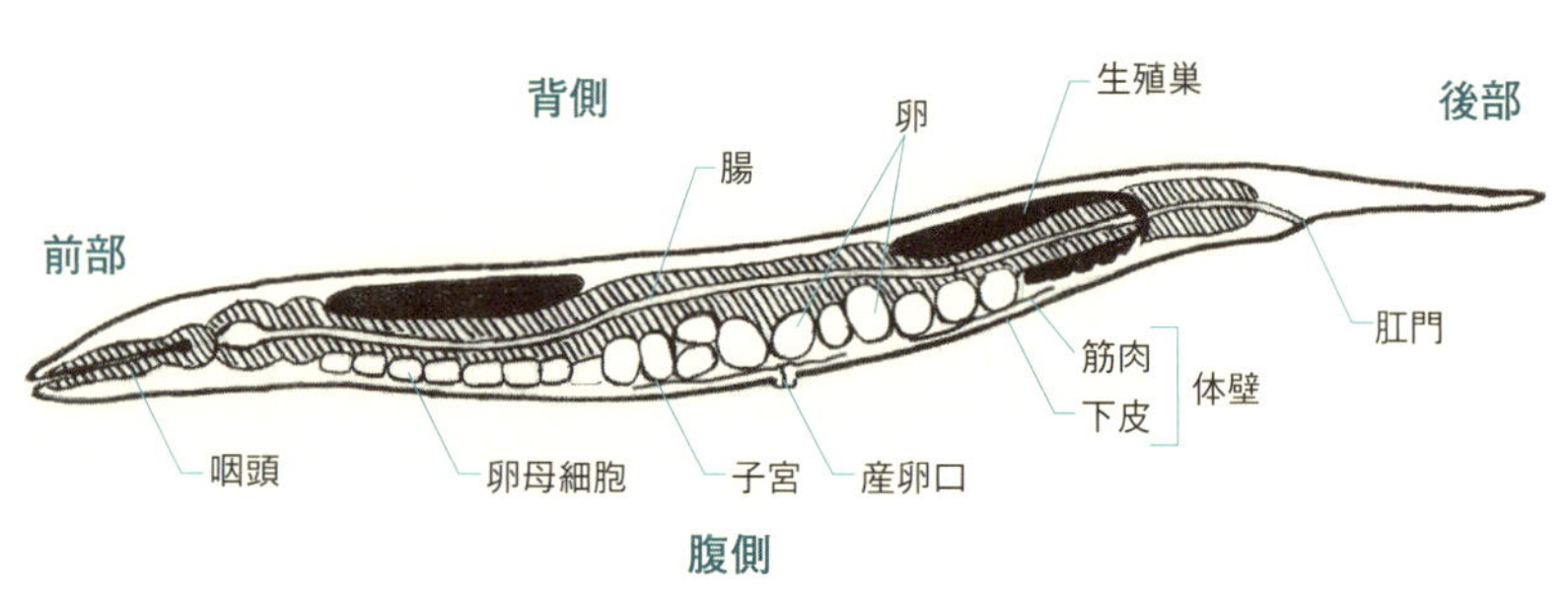

図8-1 シーエレガンスの体の構造の模式図

『細胞の分子生物学（第５版）』（Newton Press）より作成

探して、多くの場合活発に表面を這い回ります。這い回るのは体を横向きにしたS字状の動きであり、この動きがエレガント（優雅）に見えるということから「エレガンス」と名づけられたといわれています。

実験室内での飼育の最適温度は20～25℃ですが、このような条件では、図8－2のような増殖サイクルを示します。1匹の雌雄同体は200～300個の卵を産み、それらが3日前後で成虫となります。従って1週間で数万倍という驚異的なスピードで成長し、増殖することがで

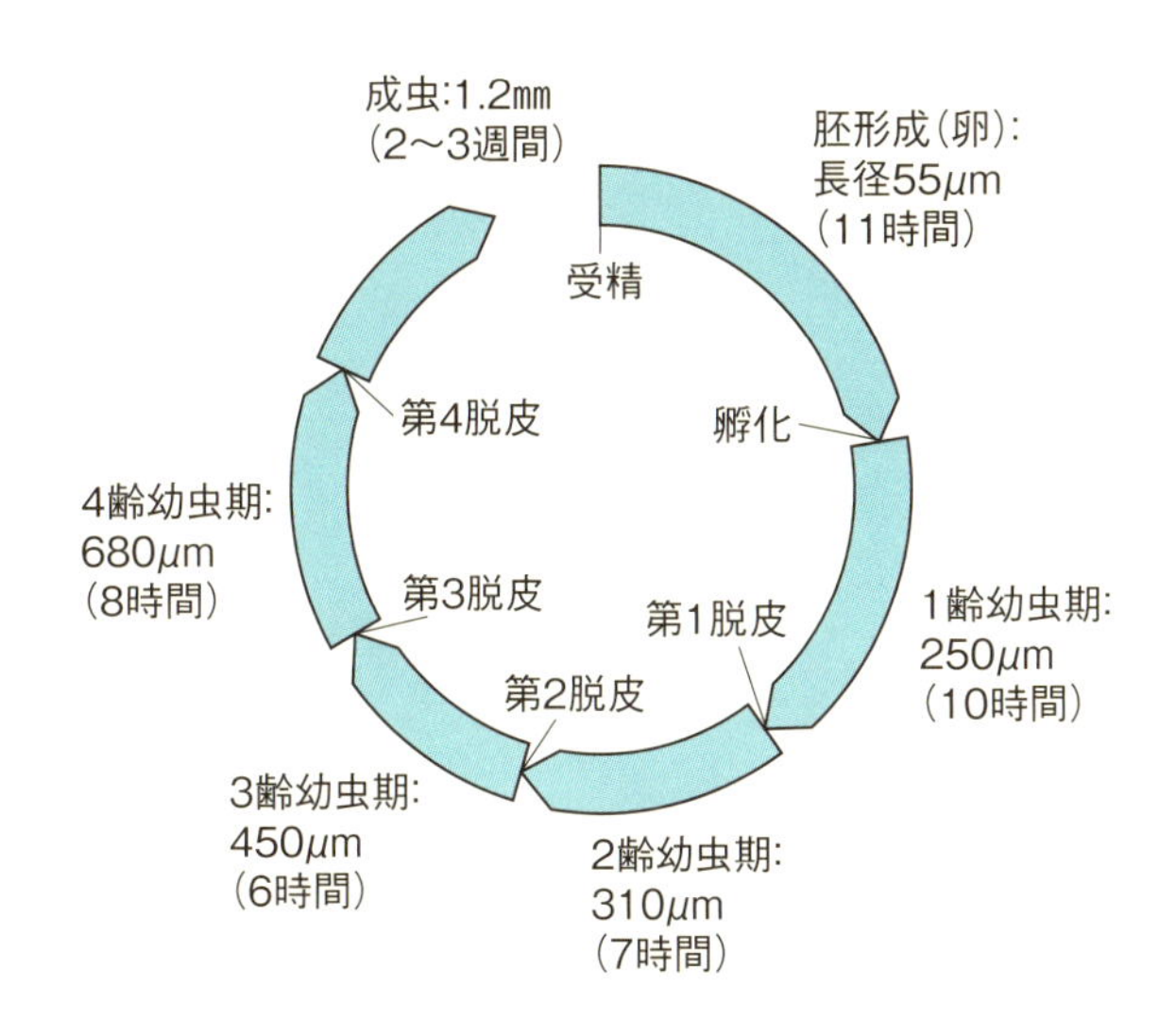

図8-2 シーエレガンスの増殖サイクルとそれにかかる時間

『生物の大きさはどのようにして決まるのか』（化学同人）の図3-4より作成

きるのです。

エレガンスの生物としての特徴をまとめると、体が小さく透明であること、雌雄同体が基本であること、実験室において簡単に飼育できること、増殖が早いこと、遺伝学の材料として優れていることでしょう。

線虫全体としては、雌雄異体が一般的です。雌雄同体であることは、1匹の個体からでも増殖できるので増殖に有利となります。また、雌雄同体として増殖を続けると、子孫は遺伝的に完全に均一な「クローン」となり、これは遺伝学の材料として非常に重要な特徴でもあります。

また、低い頻度でオスが生じることによって、遺伝学実験が可能であるということもありますが、何より種全体の多様性を高めて進化に役立つという有性生殖の利点ももっています。増殖が早いということは、体が小さく簡単で、細胞も小さいことと関連すると考えられます。寄生性はなく、動物に対する病原性もまったくないといわれています。

シーエレガンスの研究上の利点

そのほか、右に述べたような特徴に基づき、研究によって得られた大きな利点がエレガンス線虫には3つあります。その1つは、雌雄同体についていえば、孵化直後の1齢幼虫で558個、成虫で959個の体細胞があること、およびそれらが受精によって生じた1個の細胞からどのようにして生じたかを示す道筋（細胞の家系図）がすべて明らかにされていることです（Sulston & Horvitz, Dev. Biol. 56, 110-156,1977; Sulston et al., Dev. Biol. 100, 64-119, 1983）。

これは「細胞系譜」と呼ばれるもので、その概要を図8−3に示しました。ここでは、簡単化のため、全系譜を示したのは34個の細胞からなる腸の系譜だけですが、そのほかの器官や組織につい

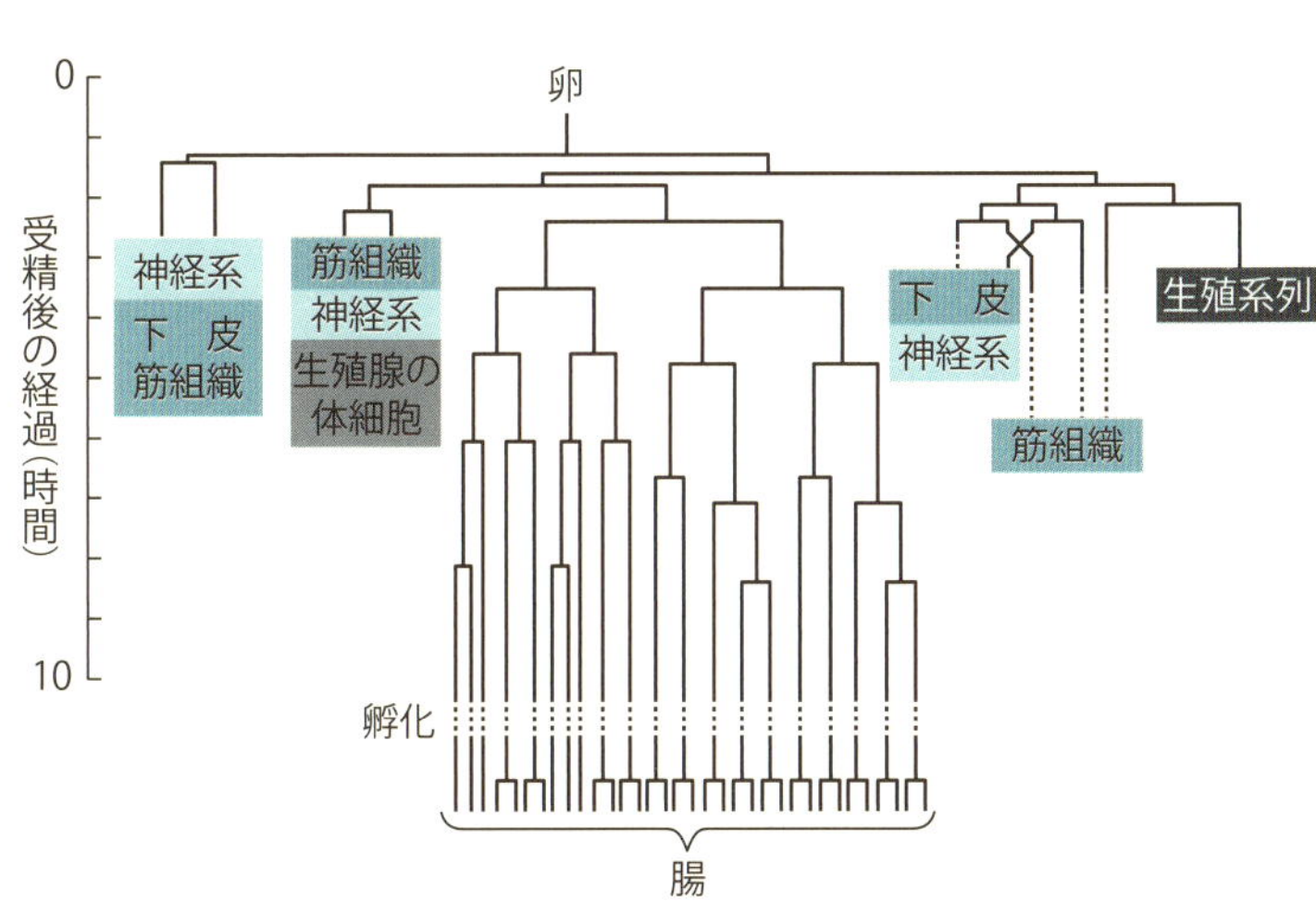

図8-3 シーエレガンスの細胞系譜の概要

『生物の大きさはどのようにして決まるのか』（化学同人）図3-7より作成

てもすべて明らかにされています。

２つ目は、エレガンス線虫成虫の全体細胞９５９個の中で、約３分の１の３０２個がニューロン（神経細胞）であること、その各細胞の細胞体や軸索の位置、シナップスなどによるニューロン同士およびニューロンと筋肉の間の結合が構造のレベルですべて明らかにされていることです（White et al., Phil. Trans. Roy. Soc. Lond. B, 1-340, 1986）。

これは、ブレナー（S. Brenner）のグループが15年あまりの歳月をかけてなしとげた大研究の結果です。全細胞系譜、神経系の構造的全貌が明らかにされている動物はいまだにエレガンス線虫のみであり、どちらか一方だけが明らかにされた動物もまだありません。

これについては、ニューロンも含めて細胞数が非常に少なく、また細胞系譜や体の構造がほとんど一定であるというエレガンス線虫の特徴が重要な要因でしょう。ニューロンの総数３０２は、ショウジョウバエの約20万のわずか０・１％あまりで、桁違いに少ない数です。このような少数のニューロンでさまざまな行動を制御できることは動物界全体を眺める時、特筆されることかもしれません。

３つ目は、多細胞生物で、はじめて分子レベルでゲノム（遺伝子の全体）が明らかにされたことです（The C. elegans Sequencing Consortium, Science 282 (5396), 1998）。この結果には多数の遺伝子の機能の同定も含まれており、これが可能となった要因は、ゲノムが小さいこと（約 10^8 塩基対）と遺伝学的材料としての優秀さが挙げられています。以上に述べたさまざまなエレガンス線虫の特徴は、眠りの研究にも生かされています。

8-3 線虫の眠りの研究

シーエレガンスの休止期

エレガンス線虫は、ほかの線虫と同様に体表が硬いクチクラで覆われるため、受精卵から孵化した後、成虫になるまでに4回の脱皮をします（143ページ図8−2）。幼虫はそれぞれの脱皮の直前になると体の動きが止まる休止期があることが知られており、これを詳しく調べたことにより、これが睡眠としての性質を示すことが報告されました（Raizen et al., Nature, 2008）。そして、この休止期はレサガス（lethargus）と名づけられました。

これが睡眠に似ていると判断する根拠は、概日リズムと睡眠の制御に関与することが知られている*period*遺伝子と相同な*lin-42*遺伝子の発現と相関していること、逆行可能であること（reversibility）、反応性の低下、およびそれを恒常的に保つ作用（homeostasis）があること、の4つが挙げられます。以下に研究の内容を紹介しましょう。

シーエレガンスの睡眠

図8－4の上の図は、線虫の発生から成長する過程でのレサガス（休止期）の時期を白抜きで示しています。L1～L4は1～4齢の幼虫期となっています。

下の図は、孵化後の時間に対して、休止している幼虫の割合を示していますが、各レサガスにおいて、半数あまりの虫が動きを停止していることがわかります。

そして図8－5は、1－オクタノールという、エレ

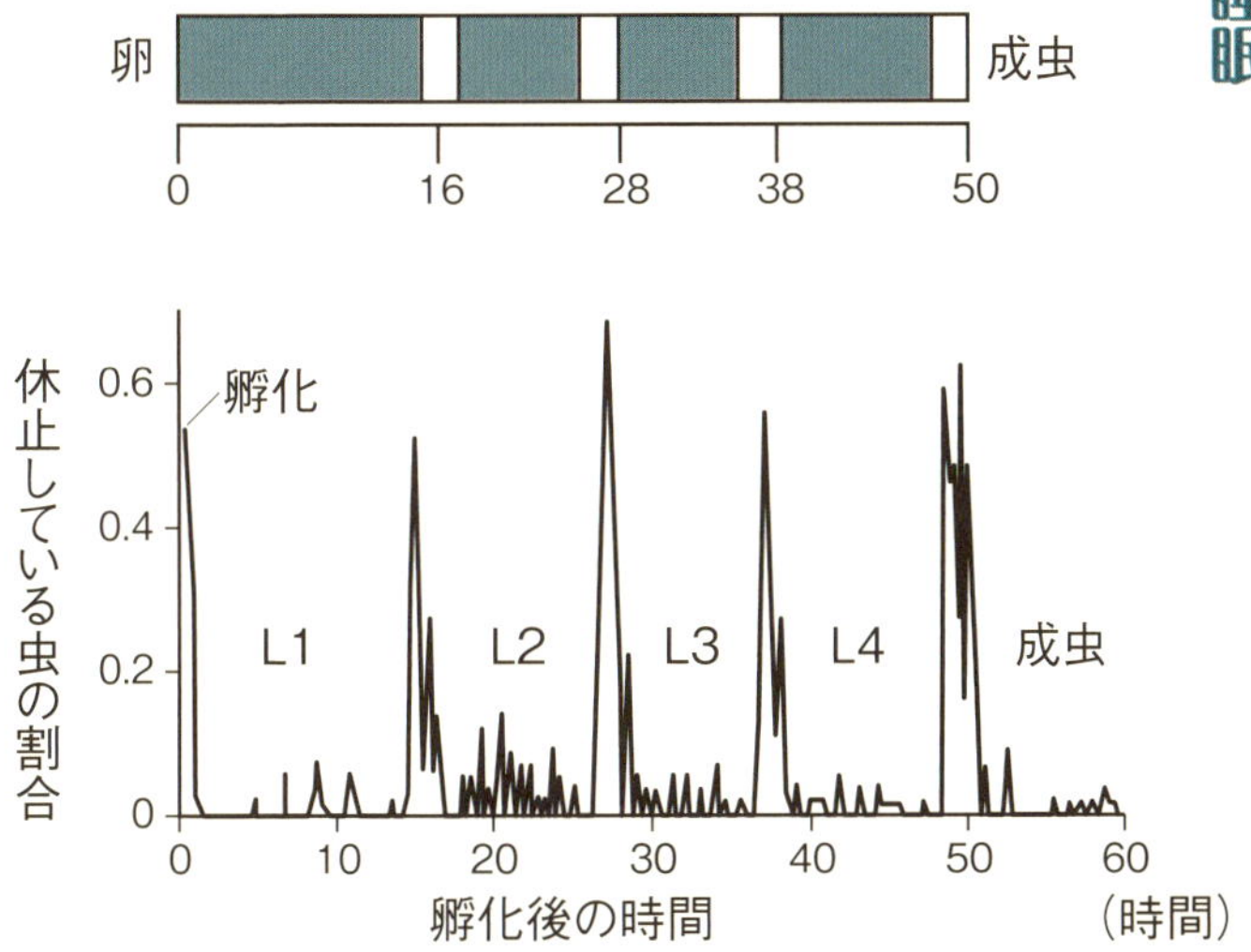

図8-4 シーエレガンスの各成長段階での休止（上）と休止している虫の割合の変化（下）

気温20℃で飼育。上図の白い部分は休止期を示す。
Raizen et al., Nature (2008), Fig. 1より作成

ガンス線虫が嫌う物質を与えた時、L3およびL4の後のレサガスにおいて、逃避反応が著しく遅れることを示しています。これは、いくつか示されているレサガスにおける反応性の低下の結果の1つです。

図8-6は、L4レサガスにおいて休止を妨げたことで見られた動きの変化を示しています。成虫の場合と違い、幼虫の動きがその後大きく妨げられること、すなわち休止を取り戻そうとすると考えられます。

図8-7A、Bは、レサガスにおける休止を制御する遺伝子

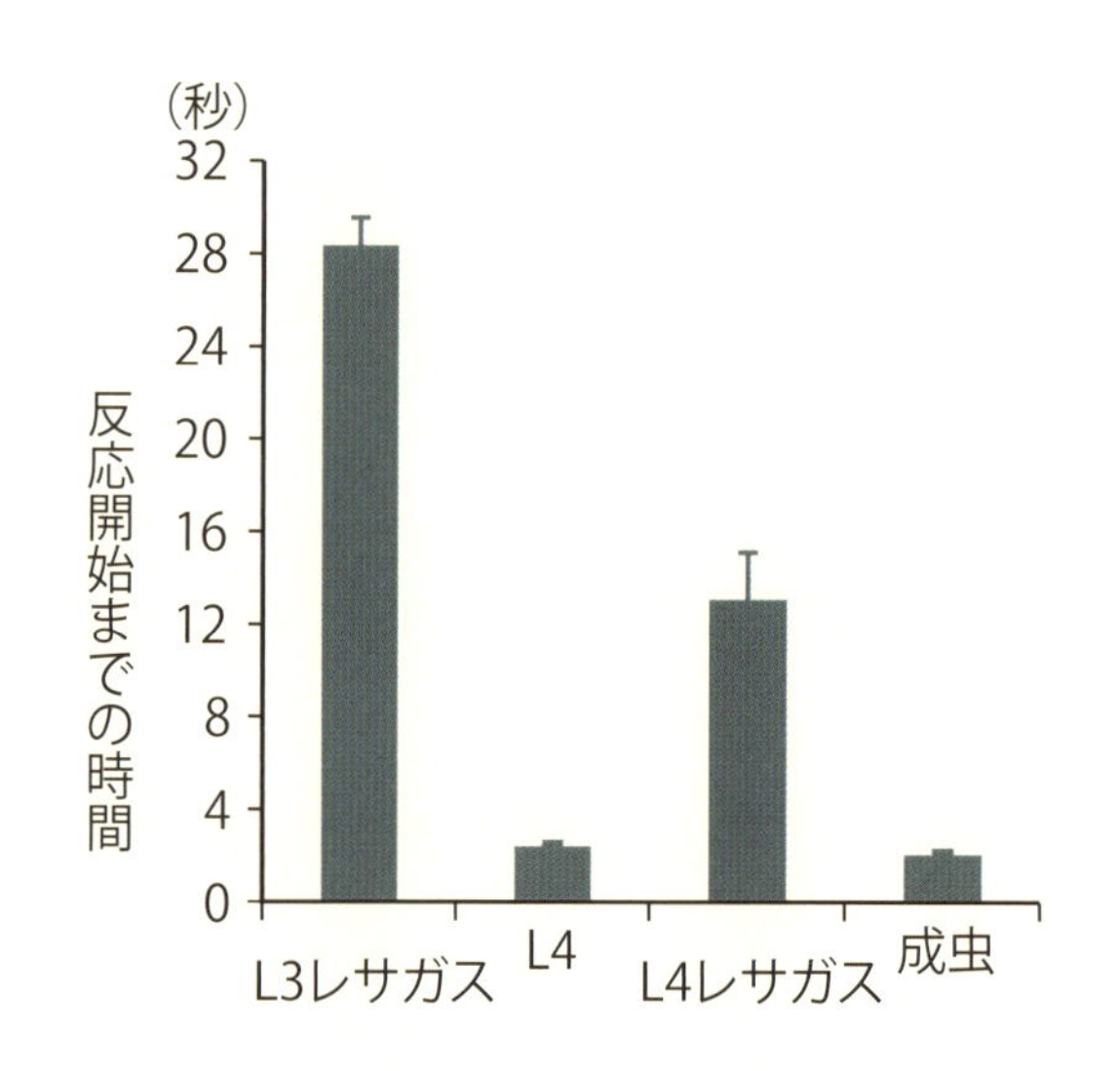

図8-5 レサガス（休止期）における1-オクタノールに対する反応の遅れ

Raizen et al., Nature (2008), Fig. 2cより作成

同定の例であり、この結果では*egl-4*と、*egl-8*の2つの遺伝子がそれに関与することを示しています。

なお、両遺伝子とも最初は変異により産卵異常（egg-laying defective）を示す遺伝子として同定されたものでした。しかし、*egl-4*遺伝子については、その後環状GMP（cyclic GMP）依存性のタンパク質リン酸化酵素（別名Gキナーゼ）の遺伝子であること、体の大きさ、寿命、行動の制御など多面的な機能をもつことが明らかにされま

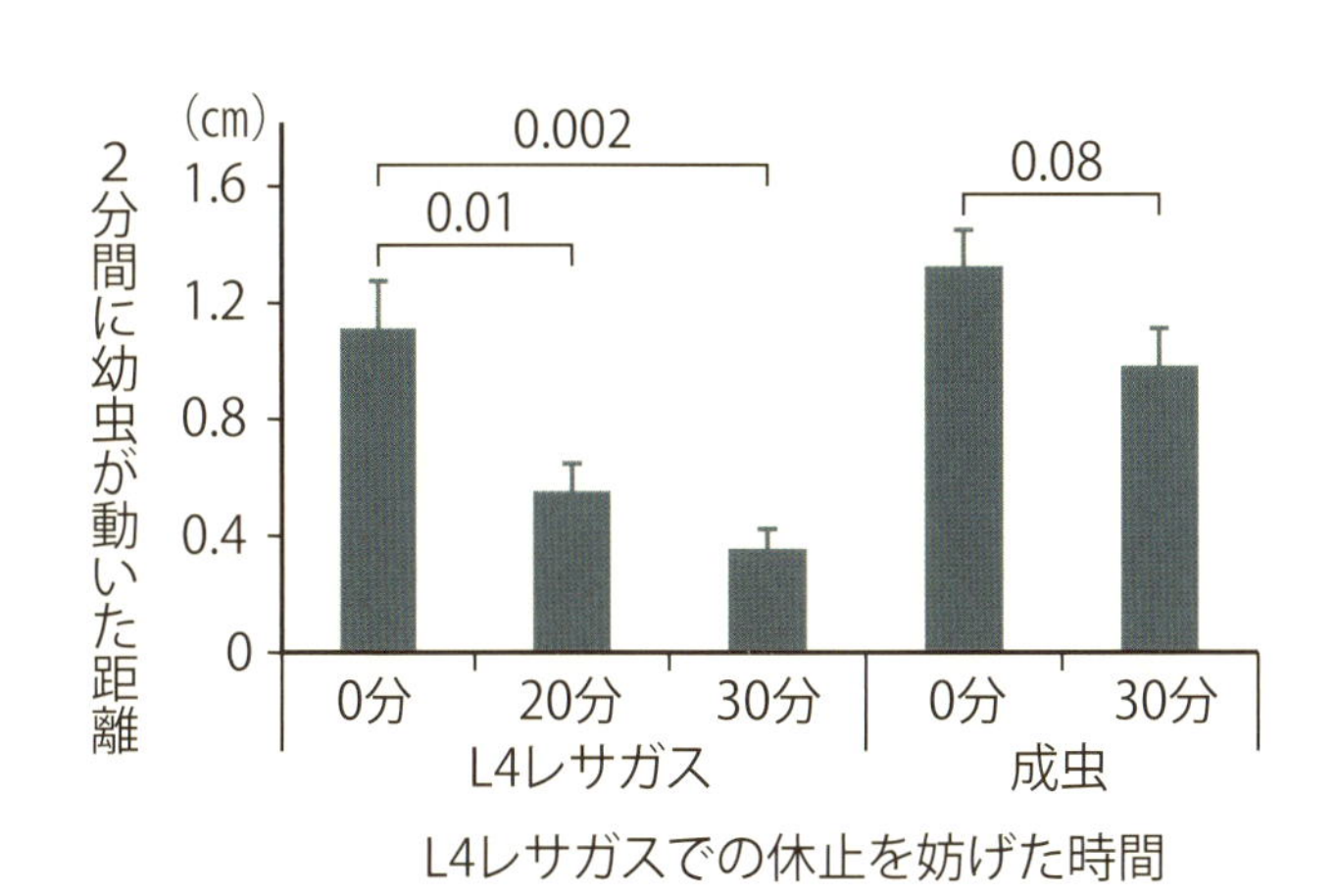

図8-6 L4レガサスにおいて休止を妨げたことによる、その後の幼虫の動きの低下

上の数字は、2つの結果を統計的に比較したときのp値（0.01以下は明らかな有意差があることを示す）。
Raizen et al., Nature (2008), Fig. 3eより作成

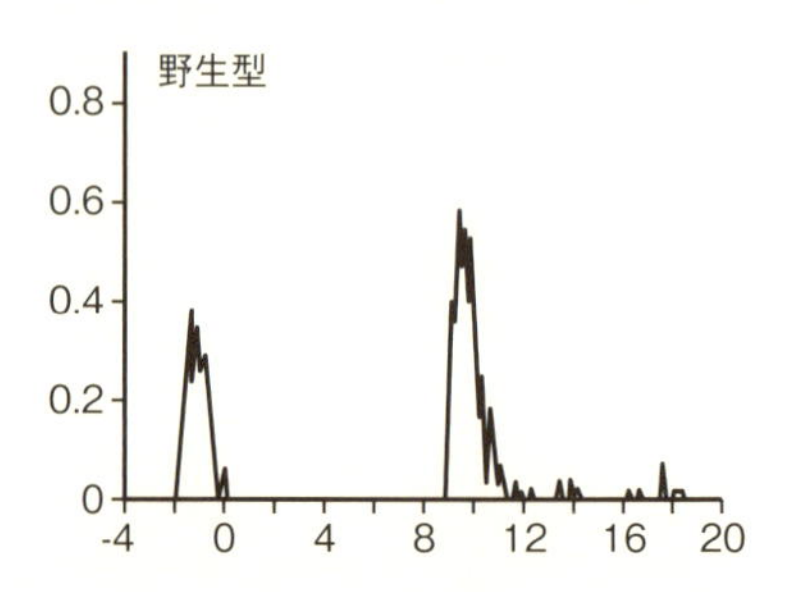

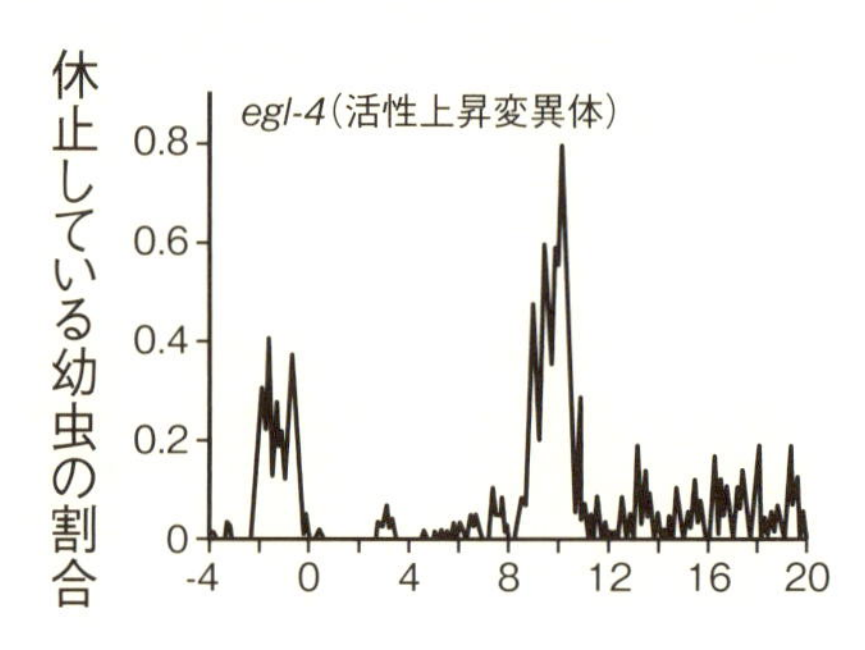

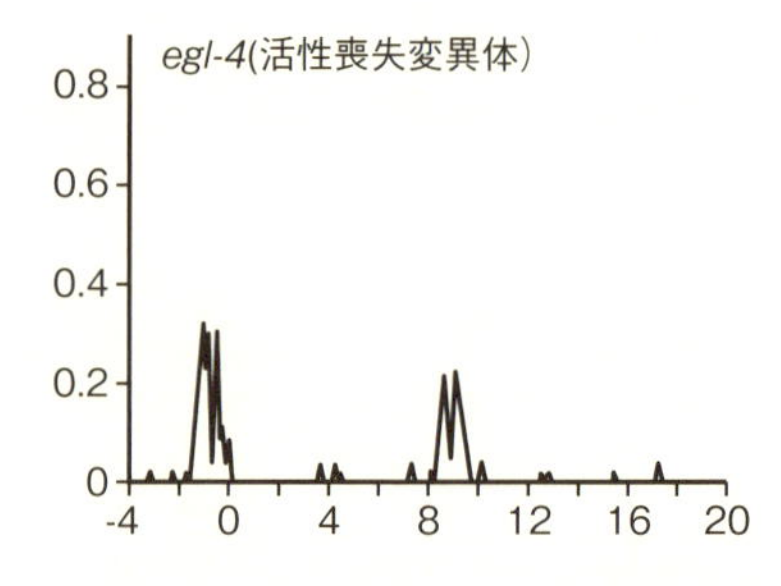

図8-7 A レサガスにおける休止を制御する遺伝子の関与

*egl-4*遺伝子の活性上昇変異*egl-4*（*gf*）、活性喪失変異*egl-4*（*lf*）による線虫の活動の変化。L３レサガスから成虫までの期間中、休止している幼虫の割合への変異の影響。

Raizen et al., Nature (2008), Fig. 4cより作成

した（2002、2003年）。じつは、私もエレガンス線虫の体の大きさの研究の中でこの遺伝子の研究に参加し、その変異体の体が、野生型よりもかなり大きくなる珍しいものであることを発見したという経緯がありました（Hirose et al., Development, 2003）。そして、*egl-4*遺伝子の新たな機能として眠りの制御が加わったことになります。この遺伝子が多数の機能をもつ理由は、コードする産物がタンパク質リン酸化酵素（キナーゼ）であって、多種類のタンパク質をリン酸化することであると考えられます。リン酸化を受けるタンパク質（基質）の全容はまだ明らかになっていません。

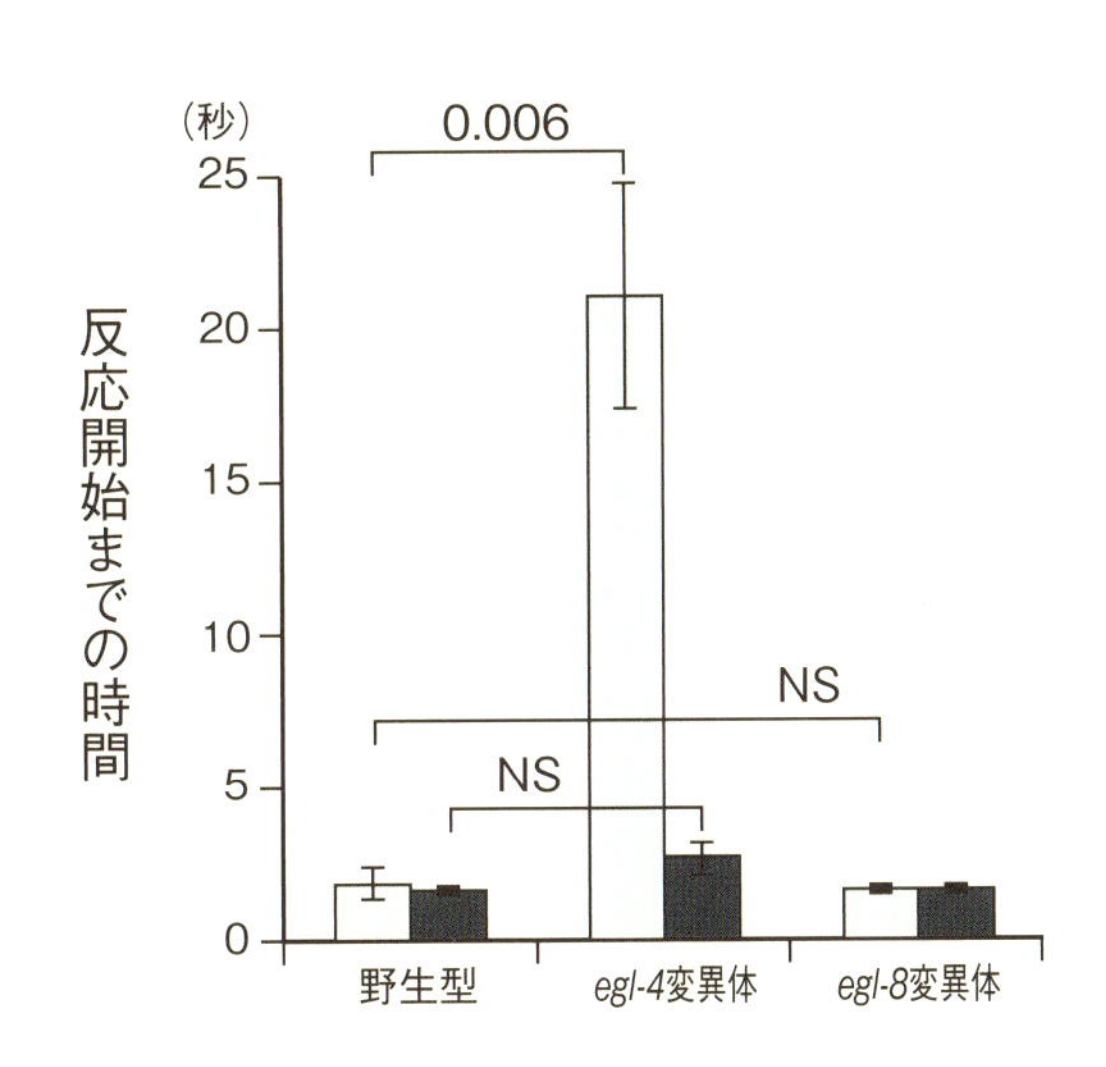

図8-7 B 1-オクタノールに対する反応開始までの時間に与える変異の影響

野生型、*egl-4*変異体、*egl-8*変異体による変異の影響。
0.006は統計上のp値（有意差）を、NSは有意差がないことを示す。
Raizen et al., Nature (2008), Fig. 4cより作成

その後の研究により、レサガスにおける休止＝眠りに関与する遺伝子として、環状AMP（cyclic AMPあるいはcAMP）の代謝や環状AMP依存性タンパク質リン酸化酵素（Aキナーゼ）、上皮性成長因子（EGF）受容体、ホスホリパーゼCなど、いくつかが明らかにされています（Raizen & Zimmerman, Sleep Med. Clin., 2013）。また、エレガンス線虫の利点を生かした、眠りの制御に関与するニューロンやその作用機構の研究（Cho et al, Cell, 2014）など、活発に研究が行われ、動物の睡眠研究全体を発展させる役割も発揮しています。

第9章

眠りの進化と機能

動物界での睡眠研究の枠組み

発展する睡眠の研究

前章までに、いろいろな生物グループの睡眠についての現在の基本的知見を述べてきました。睡眠の研究は、ヒトについて最も古くから、また最も多数の研究がなされたと思われますが、最近ではより下等な動物、とくにショウジョウバエや線虫のようないわゆるモデル動物の研究もさかんに行われるようになってきています。この2つは遺伝学の材料として優れ、睡眠に関与する遺伝子の解明に役立つという特徴ももっています。

また、マウスにおいては睡眠の変異体も分離されていますが、マウスの重要な役割は、ヒトやハエなどのモデル動物での情報から、睡眠に関与する可能性があると考えられる遺伝子を破壊（ノックアウトマウスを作成）することで、こうした遺伝子の機能を検証することにあります。

図9－1はモデル動物の研究とノックアウトマウスの解析の相互関連を図式的に示

すものです。ここに登場する各グループの動物の研究は、互いにほかのグループの研究にも役立ち、動物界全体の睡眠の研究を発展させています。

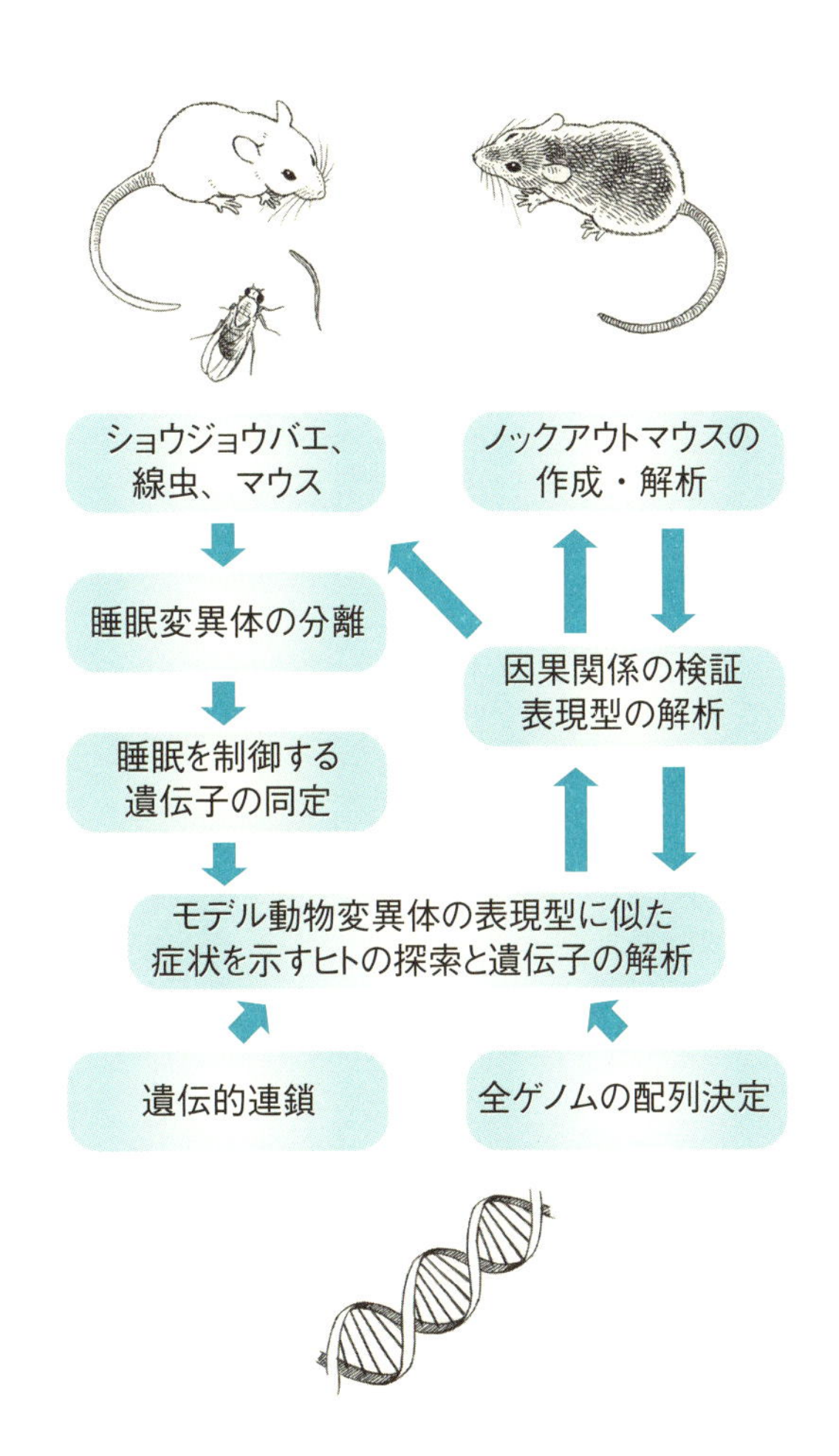

図9-1 モデル動物とノックアウトマウスの解析の相互関連図式

9-2 眠りの進化の概要

いろいろな動物の睡眠の比較

表9-1に、下等な動物からヒトへの睡眠の進化の概要をまとめました。線虫も含めて各グループに共通なのは行動的な基準であり、体全体や部分の動きの停止または低下、感覚・反応性の低下、逆行可能性、恒常性の維持（失われると取り返す）の4点によるものです。

進化全体をさらにまとめると、概日リズムの発生、睡眠時特有の脳波の出現、レム睡眠の出現、哺乳類などでの睡眠パターンの細分化と大型化に伴う睡眠時間の短縮・睡眠の集約（回数の減少）などになるでしょう。

また、渡り鳥で見られるような、渡りの時期の特有の変化、または水中生活を行う動物でのレム睡眠の減少や半球睡眠の出現など、種や生態に関連した睡眠の特殊化というべき進化もいくつか見られます。

表9-1　睡眠進化の概要

動物群	睡眠の特徴（線虫以外では主に新たに獲得した特徴）
線虫	動きの停止、感覚・反応の低下、逆行可能性、恒常性の維持（発生プログラムに基づくタイミングの決定：線虫特異的特徴）。
昆虫（ショウジョウバエ）	概日リズムに従う（睡眠の大半が夜間に起こる）、特有の姿勢をとる。
節足動物甲殻類	睡眠時特有の脳波の変化の出現。
軟体動物	急速な眼球運動（REM）が見られる。
魚類	睡眠の著しい断片化が特徴的で、脳波の変化は不明瞭。成長に伴い睡眠時間が減少する。
両生類	特徴的な脳波は判別されず、覚醒水準が低いほど、脳波の電圧と周波数、心拍数、呼吸数、筋肉の緊張が下がる。
爬虫類	哺乳類のレム睡眠に似た逆説睡眠があるが、脳波のパターンは大きく異なる。
鳥類	レム睡眠が一般的に見られるが、レム睡眠時に必ずしも急速眼球運動がない。渡り鳥の渡りの時にはパターンが大きく変わる。
哺乳類	水中ではレム睡眠がほとんどない、半球睡眠が見られる、一般的に体の大きさによって違うなど、パターンが非常に多様である。小型動物では断片化している睡眠が大型動物では集約化する傾向、全睡眠時間が減少する傾向がある。 典型的なレム睡眠があり、睡眠のステージによる脳波の変化が明瞭である。

睡眠に関与する遺伝子と機構の共通性

哺乳類の睡眠に関わる遺伝子

哺乳類の睡眠遺伝学についての２０１２年の総説（Kelly & Bianchi, Neurogenetics 13 (4), 287-326, 2012）には、この時点で睡眠やその制御に関与するマウスの遺伝子60種類が記されています。ここには、コードする分子や遺伝子破壊（ノックアウト）による睡眠の指標（レム睡眠・ノンレム睡眠各々の時間、１回の時間および頻度）の有意な変化も記されています。

この中で述べられている20種類の遺伝子については、何らかの睡眠の指標について遺伝子破壊により40％以上の大きな変化をもたらしています。その例は、アルツハイマー病に関連するアミロイド前駆体タンパク質（ＡＰＰ）、N型Ca^{++}チャネル、電圧依存性Ca^{++}チャネル、概日リズムを調節する転写因子、ＧＡＢＡ受容体、成長ホルモン、電圧依存性Na^{+}チャネル、オレキシンおよびその受容体、環状ＧＭＰ依存性タンパク質リン酸化酵素（Ｇキナーゼ）、プリオンタンパク質、Ras結合タンパク質、

K^+リークチャネル、ユビキチン-タンパク質結合酵素E３A、セロトニン受容体などの遺伝子です。

哺乳類以外の睡眠に関わる遺伝子

これに対して、２０１１年の哺乳動物以外の睡眠の遺伝学についての総説（Raizen & Zimmerman, Sleep Med. Clin. 6, 131-139, 2011）には、ショウジョウバエについて17種類、エレガンス線虫について7種類、ゼブラフィッシュについて2種類の睡眠関連遺伝子が記載されています。

ハエについては、電圧依存性K^+チャネル関連因子、ＧＡＢＡ受容体、セロトニン受容体、環状ＡＭＰ代謝経路、ドパミン輸送因子などが哺乳動物のものと相同であるか、関連が深いと考えられています。この中で、ドパミン輸送因子の遺伝子は*Fumin*（不眠）と名づけられていて、睡眠が大きく減少する変異体の原因遺伝子として日本で発見されたもので、我々にとってたいへん興味深いものです。

線虫については、その後さらに、概日リズムの遺伝子*period*の相同遺伝子*lin-42*や、ハエのNotchに相同な分子やそのリガンド（結合して何らかの影響を与える分子）、上皮性成長因子（ＥＧＦ）、転写因子ＤＡＦ-16などの遺伝子6種類が睡眠（レサガス）に関与することが示されています（Nelson & Raizen, Curr. Opin. Neurobiol. 23, 824-830, 2013）。これらの遺伝子は合計13種となります。哺乳類やハエと共通的な遺伝子は、現在わかっているもので、環状ＡＭＰ関連遺伝子（3種類）、Ｇキナーゼ、*period* 相同遺伝子などがありますが、今後かなり増えるであろうと考えられます。

このような、哺乳類と遠く離れた動物にも共通的な遺伝子や分子があることは、広く動物界において、それらが関与する睡眠制御の分子機構に共通性があることを示すといえます。

しかし、高度に進化した脳をもつ哺乳類（あるいは＋鳥類）に特徴的な遺伝子もかなり存在します。その代表的なものがオレキシンとその関連遺伝子でしょう。

9-4 睡眠の機能と起源

睡眠の機能

睡眠の機能は、一般的にいえば、神経系と筋肉・内臓などの身体の休息と機能の回復です。哺乳類、鳥類などでは典型的なレム睡眠、ノンレム睡眠があり、それぞれが微妙に異なる機能をもちます。この詳細についてはここでは省略し、興味のある方は、哺乳類についての睡眠の総説（Siegel, Nature 437, 1264-1271, 2005）および前記のKelly & Bianchiの２０１２年の総説を参照していただきたいと思います。

この本で述べたように、原始的なレベルであるものの、わずか３０２個のニューロンしかない線虫にまで眠りの起源をさかのぼることができます。線虫の眠り（レサガス）は成長に伴う脱皮またはその準備に伴うものであり、成虫になってから概日リズムに従う眠りがあるわけではなく、ハエ以上のものと異質です。脱皮をする昆虫や甲殻類にも、これと似た眠りがあるかもしれませんが、これについては調べられていないようです。

しかし、この線虫も多細胞動物であり、確かに神経系をもっています。これに対して、神経系をもたない単細胞に近い動物、植物、単細胞生物に睡眠があることは考えられていません。動物の冬眠については、第2章で触れたように一般的には睡眠と異なるようです。

植物の種子の休眠状態もまったく異なりますが、ともに活動をほとんどしないという意味で、現象的には似ています。線虫の眠りから類推すると、生命活動の大部分を休止する必要がある時期は、その生物にとっての一種の眠りであると考えることができるかもしれません。そう考えると、睡眠の究極の起源は細胞分裂期またはその直前にあり得る休止期であって、単細胞生物にまで起源がさかのぼる可能性があり、今後研究する価値があると筆者は考えています。

E. A. Lucas et al. “Baseline sleep-wake patterns in the pointer dog.” Physiol. Behav. 19 (2), p285-91, DOI: 10.1016/0031-9384(77)90340-7, 1977
O. I. Lyamin et al. “Sleep and wakefulness in the southern sea lion.” Behav. Brain Res. 128 (2), p129-138, DOI: 10.1016/S0166-4328(01)00317-5, 2002
I. Tobler “Behavioral sleep in the Asian elephant in captivity.” Sleep 15 (1), p1-12, 1992
R. Santymire et al. “Characterizing sleep behavior of the wild black rhinoceros (Diceros bicornis).” Sleep 35 (11), p1569-1574, DOI: 10.5665/sleep.2212, 2012
I. Tobler, B. Schwierin “Behavioral sleep in the giraffe (Girafa camelopardalis) in a zoological garden.” J. Sleep Res. 5 (1), p21-32, 1996
R. T. Pivik et al. “Sleep-wakefulness rhythms in the rabbit.” Behav. Neural Biol. 45 (3), p275-86, 1986
S. L. Low et al. “Mammalian-like features of sleep structure in zebra finches.” Proc. Natl. Acad. Sci. USA 105 (26), p9081-9086, DOI: 10.1073/pnas.0703452105, 2008
N. C. Rattenborg et al. “Migratory sleeplessness in the white-crowned sparrow (Zonotrichia leucophrys gambelii).” PLOS Biol. 2 (7), E212, DOI: 10.1371/journal.pbio.0020212, 2004
W. W. Cochran “Orientation and other migratory behaviours of a Swainson's thrush followed for 1500 km.” Animal Behav. 35 (3), p927-929, DOI: 10.1016/S0003-3472(87)80132-X, 1987
W. W. Cochran et al. “Migrating songbirds recalibrate their magnetic compass daily from twilight cues.” Science 304 (5669), p405-408, DOI: 10.1126/science.1095844, 2004.
F. Ayala-Guerrero & G. Mexicano “Sleep and wakefulness in the green iguanid lizard (Iguana iguana).” Comp. Biochem. Physiol. A 151 (3), p305-312, DOI: 10.1016/j.cbpa.2007.03.027, 2008
A. Sorribes et al. “The ontogeny of sleep-wake cycles in zebrafish: a comparison to humans.” Front Neural Circuits 7, 178, DOI: 10.3389/fncir.2013.00178, 2013
R. M. Stopa & K. Hoshino “Electrolocation-communication discharges of the fish Gymnotus carapo L. (Gymnotidae: Gymnotiformes) during behavioral sleep.” Braz. J. Med. Biol. Res. 32 (10), p1223-1228, 1999.
M. G. Frank et al. “A preliminary analysis of sleep-like states in the cuttlefish Sepia officinalis.” PLOS One 7 (6), e38125, DOI: 10.1371/journal.pone.0038125, 2012
F. Ramon et al. “Slow-wave sleep in crayfish.” Proc. Natl. Acad. Sci. USA 101 (32), p11857-11861, DOI: 10.1073/pnas.0402015101, 2004
D. M. Raizen & J. E. Zimmerman “Non-mammalian genetic model systems in sleep research.” Sleep Med. Clin. 6 (2), p131-139, DOI: 10.1016/j.jsmc.2011.04.0052012.
J. C. Hendricks et al. “Rest in Drosophila is a sleep-like state.” Neuron 25 (1), p129-138, DOI: 10.1016/S0896-6273(00)80877-6,2000
P. J. Shaw et al. “Correlates of sleep and waking in Drosophila melanogaster.” Science 287 (5459), pp 1834-1837, DOI: 10.1126/science.287.5459.1834, 2000
J. M. Donlea et al. “Neuronal machinery of sleep homeostasis in Drosophila.” Neuron 81 (4), p860-872, DOI: 10.1016/j.neuron.2013.12.013, 2014
D. M. Raizen et al. “Lethargus is a Caenorhabditis elegans sleep-like state.” Nature 451 (7178), p569-573, DOI: 10.1038/nature06535, 2008
T. Hirose et al. “Cyclic GMP-dependent protein kinase EGL-4 controls body size and lifespan in C. elegans.” Development 130 (6), p1089-1099, DOI: 10.1242/dev.00330, 2003
J. Y. Cho & P. W. Sternberg “Multilevel modulation of a sensory motor circuit during C. elegans sleep and arousal.” Cell 156 (1-2), p249-260, DOI: 10.1016/j.cell.2013.11.036, 2014

参考文献

櫻井武『睡眠の科学―なぜ眠るのかなぜ目覚めるのか』(ブルーバックス)講談社、2010年

古賀良彦『睡眠と脳の科学』(祥伝社新書356)祥伝社、2014年

内山真『睡眠のはなし―快眠のためのヒント』(中公新書2250)中央公論社、2014年

井上昌次郎著、青木保他写真『動物たちはなぜ眠るのか』(丸善ブックス)丸善、1996年

井上昌次郎『眠りを科学する』朝倉書店、2006年

本多和樹監修『眠りの科学とその応用―睡眠のセンシング技術と良質な睡眠に向けての研究開発―』(普及版)、シーエムシー出版、2015年。

浦部昌夫他編『今日の治療薬2015　解説と便覧』南江堂、2015年

大川匡子「高照度光療法」『日本臨牀』、73巻6号、pp 997-1005、日本臨牀社、2015年

長谷川政美『新図説　動物の起源と進化―書きかえられた系統樹』八坂書房、2011年

土屋健『三畳紀の生物』(生物ミステリー プロ5)技術評論社、2015年

八杉龍一他編『岩波　生物学辞典』第4版、岩波書店、1996年

R. M. Chemelli et al. "Narcolepsy in orexin knockout mice: Molecular genetics of sleep regulation." Cell 98 (4), p437-451, DOI: 10.1016/S0092-8674(00)81973-X, 1999

M. Okawa & M. Uchiyama "Circadian rhythm sleep disorders: Characteristics and entrainment pathology in delayed sleep phase and non-24 sleep-wake syndrome." Sleep Medicine Reviews 11 (6), p485-496, DOI: 10.1016/j.smrv.2007.08.001, 2007

J. M. Siegel "Clues to the functions of mammalian sleep." Nature 437, p1264-1271, DOI:10.1038/nature04285, 2005

R. Allada & J. M. Siegel "Unearthing the phylogenetic roots of sleep." Curr. Biol. 18 (15), R670-R679, DOI: 10.1016/j.cub.2008.06.033, 2008

I. Capellini et al. "Phylogenetic analysis of the ecology and evolution of mammalian sleep." Evolution 62 (7), p1764-1776, DOI: 10.1111/j.1558-5646.2008.00392.x, 2008

川道武男他編『冬眠する哺乳類』東京大学出版会、2000年

近藤宣昭『冬眠の謎を解く』(岩波新書1244)岩波書店、2010年

「冬眠」<http://ja.wikipedia.org/wiki/冬眠>、2018年1月10日アクセス

大島靖美『生物の大きさはどのようにして決まるのかーゾウとネズミの違いを生む遺伝子』(DOJIN選書56)化学同人、2013年

B. B. Buchanan他編『植物の生化学・分子生物学』杉山達夫監修、学会出版センター、2005年

J. M. Kelly & M. T. Bianchi "Mammalian sleep genetics." Neurogenetics 13 (4), p287-326, DOI: 10.1007/s10048-012-0341-x, 2012

A. Coolen et al. "Telemetric study of sleep architecture and sleep homeostasis in the day-active tree shrew Tupaia belangeri." Sleep 35 (6), p879-888, 2012

C-C. Lo et al. "Common scale-invariant patterns of sleep-wake transitions across mammalian species." Proc. Natl. Acad. Sci. USA 101 (50), p17545-17548, DOI: 10.1073/pnas.0408242101, 2004

I. Capellini et al. "Energetic constraints, not predation, influence the sleep patterning in mammals." Funct. Ecol. 22 (5), p847-853, DOI: 10.1111/j.1365-2435.2008.01449.x, 2008

J. M. Siegel et al. "Sleep in the platypus." Neuroscience 91 (1), p391-400, DOI: 10.1016/S0306-4522(98)00588-0, 1999

X. Zhao et al. "Characterization of the sleep architecture in two species of fruit bat." Behav. Brain Res. 208 (2), p497-501, DOI: 10.1016/j.bbr.2009.12.027, 2010

D. B. Wexler, M. C. Moore-Ede "Circadian sleep-wake cycle organization in squirrel monkeys." Am. J. Physiol. 248 (3), R353-362, SOI: 10.1152/ajpregu.1985.248.3.R353, 1985

執筆者略歴

大島靖美（おおしま・やすみ）

1940年、神奈川県生まれ。東京大学理学部生物化学科卒業、同大学院理学系研究科博士課程修了、理学博士。九州大学薬学部助手、米国カーネギー発生学研究所博士研究員、筑波大学生物科学系助教授、九州大学理学部教授、崇城（そうじょう）大学生物生命学部教授を経て、現在九州大学名誉教授。専門は分子生物学、分子遺伝学。1975年、日本薬学会宮田賞及び日本生化学会奨励賞受賞。

主な著書：『遺伝子操作実験法』（共著、講談社、1980年）、『ネオ生物学シリーズ⑤　線虫』（共著、共立出版、1997年）、『生物の大きさはどのようにして決まるのか』（単著、化学同人、2013年）、『線虫の研究とノーベル賞への道』（単著、裳華房、2015年）。

謝 辞

全体の編集やイラストの作成について、STUDIO PORCUPINEの川嶋隆義さんに大変お世話になりました。出版全体を統括していただいた、技術評論社の大倉誠二さんとともに厚く感謝いたします。また、イラストを描いて下さった箕輪義隆さん、マカベアキオさんも大変有難うございました。

知りたい！サイエンス

動物はいつから眠るようになったのか？

―線虫、ハエからヒトに至る睡眠の進化―

2018年　3月 2 日　初版　第1刷発行

著者　大島靖美
発行者　片岡　巌
発行所　株式会社技術評論社
東京都新宿区市谷左内町21-13
電話　03-3513-6150　販売促進部
03-3267-2270　書籍編集部
印刷／製本　株式会社加藤文明社

定価はカバーに表示してあります。

本書の一部または全部を著作権法の定める範囲を超え、無断で複写、複製、転載あるいはファイルに落とすことを禁じます。

©2018 大島靖美

造本には細心の注意を払っておりますが、万一、乱丁（ページの乱れ）や落丁（ページの抜け）がございましたら、小社販売促進部までお送りください。送料小社負担にてお取り替えいたします。

ISBN978-4-7741-9556-8 C3045

Printed in Japan

●装丁
中村友和（ROVARIS）

●制作
横山明彦（WSB inc.）

●イラスト
マカベアキオ
箕輪義隆
小堀文彦

●編集
川嶋隆義、寒竹孝子
（スタジオ・ポーキュパイン）